光の
量子コンピューター

古澤 明
Furusawa Akira

インターナショナル新書 035

目次

はじめに

量子力学の一番むずかしいところは、人間の直感に反することだ。直感に反するルールのもとですべてが起こっていると考え直してほしい。いや、むしろ人間の直感を変えなければならないと言ってもよいだろう。

量子力学が得体の知れない学問と捉えられていたのは、20世紀半ばまでのことだ。21世紀の現在、ナノテクノロジーなど量子を扱う科学技術は、急速な発展を遂げた。それにより、20世紀には単なる「ゲダンケン・エクスペリメント（思考実験）」に過ぎなかったことが、実験によって実証されるケースが増え始め、それに伴い、むしろ量子力学のメリットを積極的に利用していこうという動きが活発化してきたのである。

私が東京大学工学部物理工学科で学んでいた１９８０年代においても、すでに量子力学は必修科目の1つになっていて、こうした動向が浸透している雰囲気があった。つまり、21世紀を生きる我々は、私を含め皆「量子ネイティブ」と言える。量子の性質を利用するのに解釈や理屈は必要ない。量子力学はもはや科学の根幹を成す学問分野であり、一種のツールとなっている。量子力学を記述する波動関数は、自然を最も正確に表す言語の1つと言えるだろう。

この量子力学のメリットを最大限に生かしていこうという動きの最たるものが、「量子コンピューター」である。今、このページを読まれている皆さんも、「最近、よく耳にする量子コンピューターって、一体何だ？」といった軽い気持ちでこの本を手に取られたのではないだろうか。したがって、お願いだ。量子という言葉に苦手意識をもたないでほしい。理屈はどうあれ、「実際、こういうものだ」と受け入れる気持ちをもつことから始めよう。

さて、現在は、空前の量子コンピューターブームである。ほんの数年前までは、実用化されるには、あと何十年かかるかわからないと言われていた量子コンピューターであったが、今や欧州、アメリカ、中国、日本と、世界各国が巨額の予算を計上し、研究開発を加速している。また、国内外問わず量子コンピューターに関するシンポジウムが連日のように開催されており、会場はどこも超満員だ。世界中が「量子コンピューター開発バブル」に沸き返っていると言ってもよいだろう。

そのきっかけとなったのは、２０１１年に、カナダのベンチャー企業ディー・ウェーブ・システムズが、「世界で初めて量子コンピューターの開発に成功した」と大々的に発表したことである。最初は「眉唾物だろう」と噂されていたが、アメリカの軍需産業を支えるロッキード・マーチン社が1台約15億円で購入したのに続き、２０１３年にアメリカ航空宇宙局（ＮＡＳＡ）とグーグルも共同購入したことを発表した。このことで、量子コンピューターは一気に注目を浴びることとなった。ＮＡＳＡとグーグルは、この量子コンピューターを使って、人工知能（ＡＩ）を研究する「量子人工知能研究所（ＱｕＡＩＬ）」を設立している。

しかし、この量子コンピューターは、実は「量子アニーリングマシン」と呼ばれるもので、従来から研究開発が進められてきた汎用型の量子コンピューターとはまったく異なる動作原理で動いている。詳しくは第2章で説明するが、量子アニーリングマシンとは、ある特定の問題、いわゆる「組み合わせ最適化問題」の計算処理に特化した専用マシンなのだ。そのため、これを量子コンピューターと呼んでよいか否かについては、今なお議論の余地がある。

一方で、これを機に、IBMやグーグル、インテル、マイクロソフト、さまざまなベンチャー企業などがこぞって、〝本来〟の汎用型の量子コンピューターの研究開発に本腰を入れ始めている。時折、研究成果が発表され、研究開発が順調に進んでいるかのような雰囲気を匂わせているが、課題は山ほどあり、果たして本当に実用化される日はくるのか、その実現性に関してはまだまだ未知数だ。

このような中、私が1996年から研究開発を進めてきたのが、「光」を利用する量子テレポーテーション、そして、それを使って実現する汎用型の量子コンピューターだ。

現在、さまざまな方法で量子コンピューターの実現が試みられているが、私が独自に研究開発を続けてきた光を使う量子コンピューターが、今、最も実用化に近い段階にあると確信している。

光を使う量子コンピューターにこだわってきた理由は、「常温の環境下で安定的に動作する」「電子を用いた量子コンピューターに比べてクロック周波数（1秒間あたりの処理回数でヘルツ〈Hz〉で表す）を桁違いに上げることができるため、高速な計算処理が可能」など、非常に多くのメリットがあるからだ。しかも、他の量子コンピューターが、欧米中心に研究開発が進められているのに対し、私たちの方式は日本発のオリジナルである。

本書では、量子コンピューターの歴史やしくみ、現在の状況を解説するとともに、私が独自に研究開発を進めている光を使う量子コンピューターについて、開発秘話を交えながら、できるだけわかりやすく紹介していく。

まず第1章、第2章では、主に量子コンピューターの開発史を説明する。ただし、私が実際にその時代を生きて見聞きした訳ではないので、ここでの記述はあくまでも1つの説であることに注意してほしい。同時に、歴史的な功績は個人の成果であるかのように語られることが定石だが、学問は決して1人の天才が作っているのではなく、多くの人たちの議論の中で生まれるものである点をおことわりしておきたい。なお、量子力学や量子コンピューターの歴史について精通している方は、第1章と第2章は読み飛ばしていただいてもいいだろう。

この本の目的は、世界初の量子テレポーテーションや多者間量子もつれの制御など、「光」を使った数々の実験を成功させてきた私たちの研究について、そしてそれらの積み重ねがあるからこそ可能となる量子コンピューターへの挑戦を、臨場感をもって味わっていただくことにある。光を使う量子コンピューターが、量子コンピューター開発の世界に大きなパラダイムシフトを起こす日は、もう間近に迫っている。読者の方々に、歴史が転換する様を目の当たりにする喜びを感じていただけたら幸いである。

第1章　量子の不可思議な現象

排熱をゼロにする

量子力学の不思議な現象を利用して計算処理を行う「**量子コンピューター**」については１９８０年頃から、その実現可能性について論じられてきた。しかし、がぜん注目を集めるようになったのは、１９８５年にアメリカの物理学者リチャード・Ｐ・ファインマンが、量子コンピューターを実現させることの意義を説いてからである。ファインマンは１９６５年に、ジュリアン・Ｓ・シュウィンガー、朝永振一郎（ともながしんいちろう）とともに、「量子電磁力学の分野における基礎研究」でノーベル物理学賞を受賞している天才物理学者だ。面白い逸話がたくさんあることから、アルベルト・アインシュタインと並び世界中に数多くのファンをもつことでも知られている。

私は、ファインマンがかつて教授を務めていたカリフォルニア工科大学（Ｃａｌｔｅｃｈ（カルテック）〈California Institute of Technology〉）に１９９６〜１９９８年までの間、社会人留学をしていた。カルテックでは、ファインマンを「物理学者の神」と崇めており、学内の至るところでファインマンに関する映像が流れていたことを今でもよく覚えている。

そんなファインマンが、１９８８年に亡くなる数年前まで、カルテックで行っていた計算機科学に関する講義をまとめた著書『ファインマン計算機科学』（岩波書店）は、1996年から量子コンピューターの研究開発に携わってきた私にとって、まさにバイブルだ。この中で、ファインマンは、量子コンピューターを実現する意義を説いており、これこそが、私が量子コンピューターの研究開発を続けている最大の理由でもある。

それは、従来のコンピューター（以後、「古典コンピューター」と呼ぶ）とは異なり、量子コンピューターであれば、計算処理に伴って排出される大量の熱エネルギーを理論上、ゼロにできるということだ。

古典コンピューターは、電子回路を使って計算処理を行ったり、メモリーに記録したりしている。そして、そのたびに、使用された電気エネルギーが熱エネルギーとなって排出されているのだ。したがって、計算処理が高速になればなるほど大量の熱が発生することになる。

電子回路や配線は高温になると動作しなくなるうえ、高熱により、コアと呼ばれる回路ブロックなどが溶けてしまう。そのため、コアを冷却するのに膨大な量の電気が使われているというなんとも皮肉な状況にある。特にスーパー・コンピューターは、排熱との戦いだ。既存のスーパー・コンピューターを正常に稼働させるには、原子力発電所1基分以上の電力が必要とされており、その電力の大半が、本来の目的である計算処理ではなく、冷却に使われている。今後、スーパー・コンピューターの性能が向上すればするほど消費電力量は加速度的に上がっていくと予想され、深刻な社会的課題となっていくだろう。

一般に量子コンピューターといえば、古典コンピューターに比べて計算処理速度が桁違いに速くなることが最も期待されているが、本質はそこではないと私は考えている。実はそれ以上に重要なのが、非常に低エネルギーで計算処理ができることである。熱エネルギーの排出量を理論上ゼロにできる量子コンピューターが実現できれば、人類にとってこれ以上のことはない。

「重ね合わせ」と「粒子と波動の二重性」

量子コンピューターのしくみを理解するためには、そもそも「**量子**」とは何かを知っておく必要があるだろう。

量子とは、簡単に言えば、原子や分子、電子、光子といった非常に小さな物質やエネルギーの単位のことだ。

この世界の物質をどこまでも細かく分解していくと、分子から原子、原子から陽子や中性子、そして、電子、光子などの素粒子に行き着く。そういった極小の世界では、エネルギーは連続的な値ではなく、離散的な（飛び飛びの）不連続な値を取るようになる。これを「量子化」という。そして、こうした量子特有の物理現象を記述するのが、量子力学である。

量子コンピューターを実現する上で欠かすことのできない「**重ね合わせ**」と「**量子もつれ（エンタングルメント）**」について説明しよう。これらは量子特有の非常に不可思議な現象で、量子力学が一般に敬遠される要因ともなっている。しかし、心配は無用だ。「こういうものなのだ」と素直に受け入れ、まずは言葉に慣れることから始めよう。

重ね合わせとは、一言でいえば、1個の量子において、複数の状態が同時に存在している、つまり重ね合わさっている現象のことをいう。

この説明を聞いただけでは、「何を言っているのかさっぱりわからない」という人が大半だろう。そこで、最初に紹介したいのが、オーストリアのウィーン出身の物理学者エルヴィン・シュレーディンガーだ。「シュレーディンガーの猫」や「シュレーディンガー方程式」のあのシュレーディンガーである。

シュレーディンガー方程式とは、量子、たとえば〝電子〟の運動を波動方程式として表したものだ。電子がもつ波としての性質を「**波動関数**」で表し、波動関数に関する微分方程式として書かれている。平たく言えば、振動や音、電磁波、光といったあらゆる波を説明するための方程式に、ド・ブロイ波の方程式を組み込んだもので、量子の状態を表している。ド・ブロイ波とは、1924年にフランスの物理学者ルイ・ド・ブロイが提唱した、量子の粒子性と波動性を結びつける考え方だ。電子に限らず、すべての粒子には波としての性質があるということを意味している。

実際に量子の世界では、今や光子や電子に限らず、原子などでも「**粒子性と波動性の二重性**」が現れることが知られている。この概念は、量子コンピューターを知る上で非常に重要なので、理解できないまでも覚えておいていただきたい。

とはいえ、これらは実際のところ、完璧な粒子として存在するわけでも、完璧な波として存在するわけでもない。少しむずかしい言い方をすれば、数学的には、量子の粒子性は、

重ね合わせのイメージ

通常のデジタル処理の場合

通常のデジタル処理では、「0」か「1」か、どちらかの値で表され、計算処理されていく。

重ね合わせの場合

「0」と「1」のどちらでもある状態

対して、量子コンピューターで量子ビットとして用いる量子は、観測するまで、「0」と「1」どちらの状態にもある。これを「重ね合わせ」という。

波束の収縮

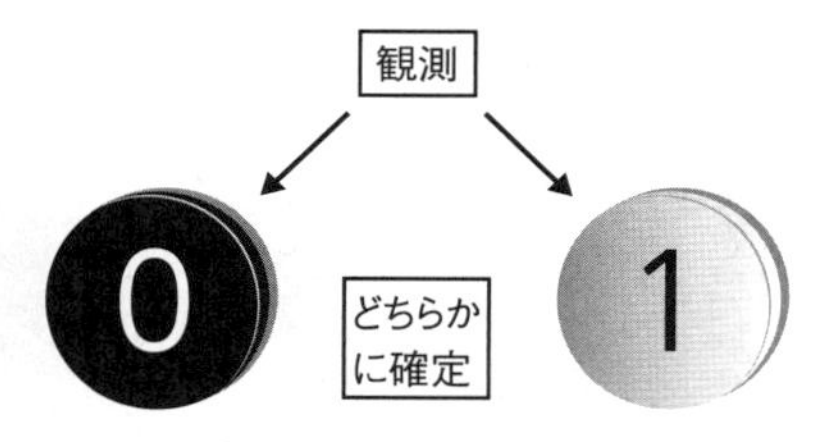

ただし、観測することによって、「波束の収縮（P.27参照）」が起こり、状態が確定する。

『Newton別冊 量子論 増補第4版』（ニュートンプレス　2017年）を参考に作成

位置の「**デルタ関数**」として存在している。デルタ関数は、量子を空間中の1点に存在する粒子として数式で取り扱うために、イギリスの物理学者ポール・ディラックが発明した関数であり、次に紹介する「**フーリエ変換**」により粒子の位置はすべての周波数の波の重ね合わせとなっている（P.25の図参照）。

しかし、デルタ関数は仮想的なものであり、位置を正確に決めること自体が、実は不可能なのだ。なぜなら、正確に位置を決めるには、無限の時間か、無限のエネルギーを必要とするからだ。我々が住む現実の世界では、位置は、測定によって決められるが、その精度は、かけたエネルギーとかけた時間によって決まるため、完璧なデルタ関数にはならないのである。

また、先ほど述べたように波はフーリエ変換という数学的な手法によって粒子と結びついている。しかし、こちらも、厳密な解を求めるには、無限の時間か、無限のエネルギーを必要とするため、波を1つの周波数で決定づけることはできない。古典力学では、無限の時間の極限や、無限のエネルギーの極限を仮定して扱っているが、現実の世界では、有限の時間や有限のエネルギーの範囲の中で答えを求めている。だから、正確に求めること

デルタ関数

量子の位置と存在確率をグラフで表すと

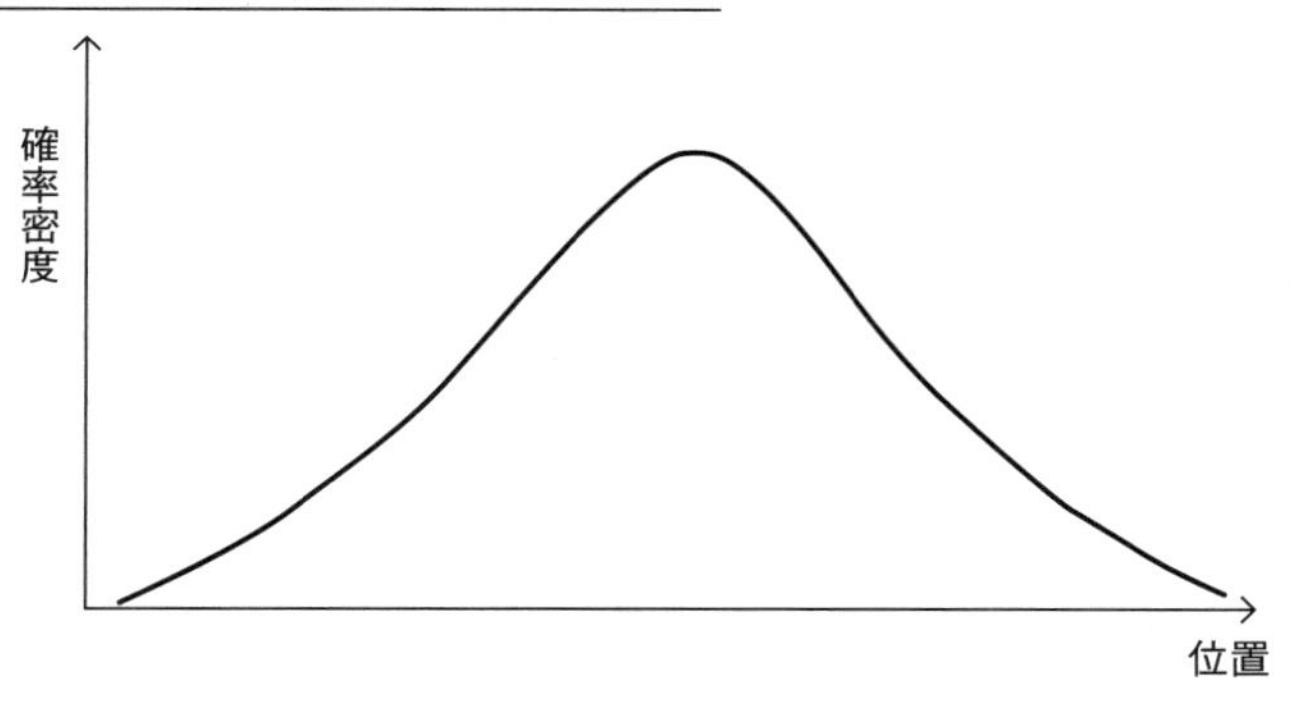

ある空間において、量子が存在する位置と確率の関係は、上図のようにある程度の広がりをもつ分布となる。

量子の位置と存在確率をデルタ関数で表すと

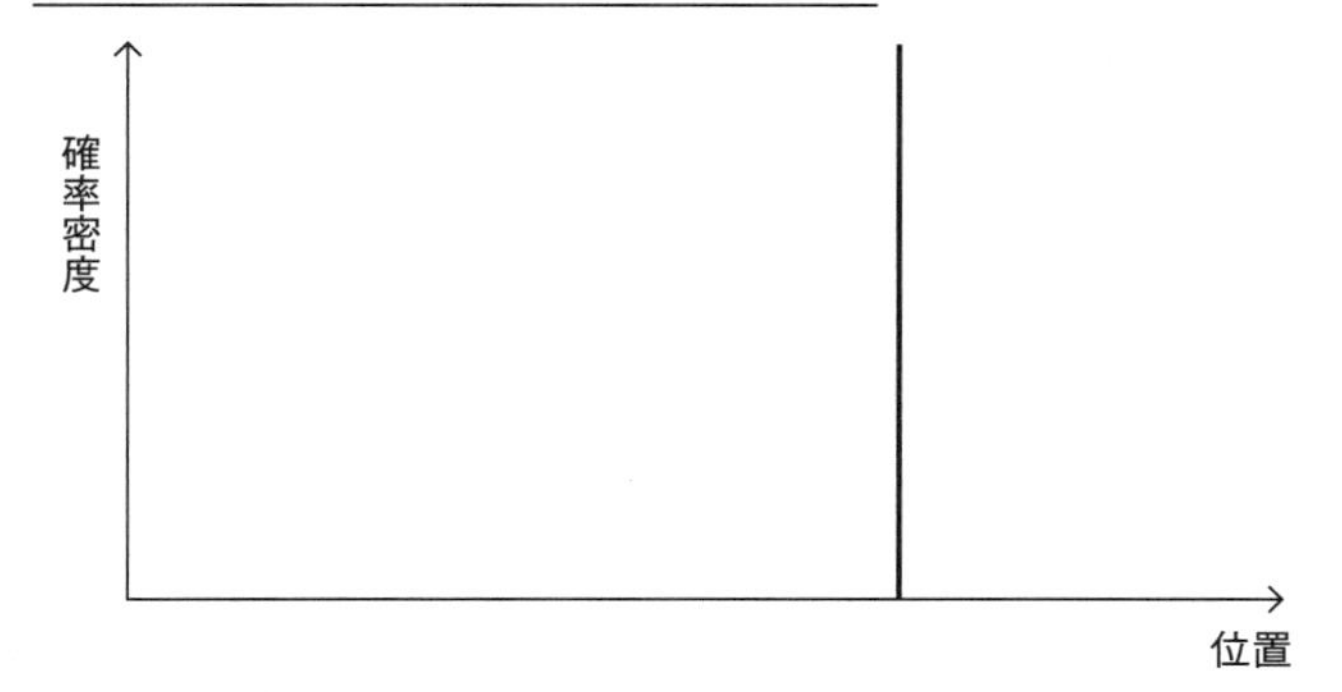

デルタ関数では、量子は空間中の1点に存在する粒子として取り扱われるため、その存在の確率は、ある位置1点において1となり、それ以外の位置では0となる。

はできないし、そもそも現実的には起こりえない理想極限を追求しても意味はない。

対立する理論

さて、ド・ブロイ波がイギリスの物理学者ジョージ・パジェット・トムソンとアメリカの物理学者クリントン・ディヴィソンの実験によって確認されたのは１９２７年のことだったが、シュレーディンガー方程式は、この実験結果を見事なまでに説明していた。

しかしこの間に、量子力学の分野では、もう１つの大きな流れが起こっていた。次に紹介したいのは、デンマークの物理学者ニールス・ボーアとドイツの物理学者ヴェルナー・ハイゼンベルクだ。

ハイゼンベルクは１９２４年に、デンマークのコペンハーゲンにあるニールス・ボーア研究所へ半年間留学し、１９２５年、電子の量子的なふるまいを示した「ハイゼンベルクの運動方程式」をまとめ上げた。この運動方程式は、数学の行列を使って組み立てられたため、「行列力学」と名付けられている。

ところが、翌年の１９２６年に、シュレーディンガーがシュレーディンガー方程式を発

フーリエ変換

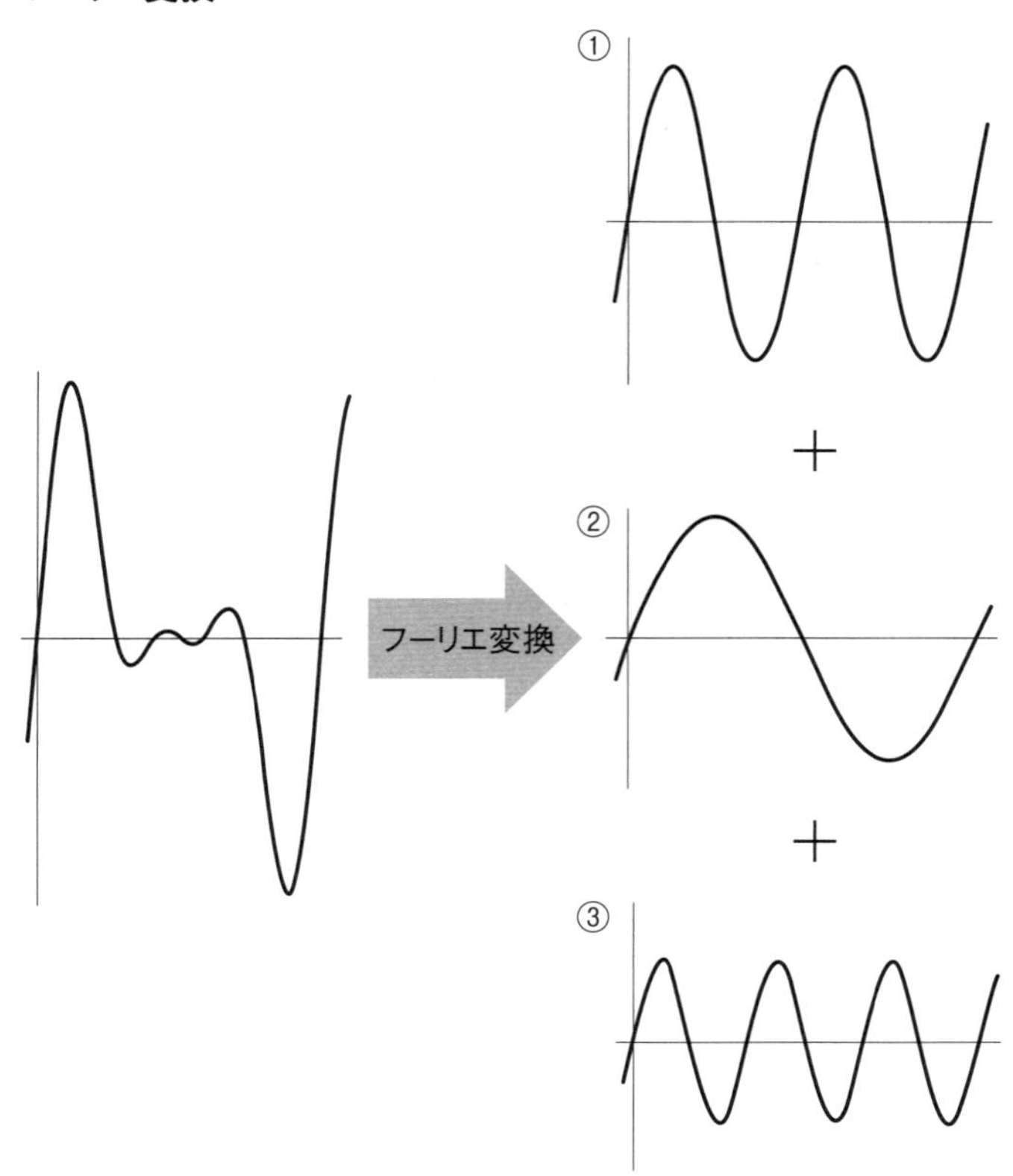

図中左のような形の波があったとする。
これは複雑な波ではあるが、図中右にあるように、それぞれ固有の周波数と振幅をもった複数の波の干渉「①＋②＋③」によってできあがっていると考えられる。
ある波が、どのような波の足し合わせでできているかを導く過程をフーリエ変換という。

『マンガでわかるフーリエ解析』（渋谷道雄著、マンガ制作：トレンド・プロ、シナリオ：re_akino、作画：晴瀬ひろき　オーム社　2006年）から作成表したことから、波動力学と行列力学との間で激しい論争が始まったのである。

シュレーディンガーは、「電子は実際の空間に雲のように広がって、全体で1つの実体となっている波だ」と解釈していた。一方、ハイゼンベルクは、「波は実際の空間に広がっているわけではなく、あるエネルギーのかたまりが、ある範囲内のどこかに確率に従ってランダムに現れるものであり、それが電子である」と考えた。空間の広がりではなく、〝存在確率〟、つまり、ある場所で電子が見出される確率の大きさを表していると主張したのである。

シュレーディンガーにはアインシュタインやプランクが、一方のハイゼンベルクにはボーアなどが味方についた。ハイゼンベルクの陣営はニールス・ボーア研究所を中心に活動していたことから「コペンハーゲン学派」と呼ばれた。

先にも述べたように、量子には粒子性と波動性の二重性がある。それにもかかわらず、量子を観測すると、重ね合わせの状態ではなく、必ずどちらかに定まった状態しか観測されない。

「このことを解釈するには、存在確率という概念を導入するしかない」というのがコペンハーゲン学派の言い分だった。実際、シュレーディンガー方程式で記述される波の高さの2乗を存在確率とすると整合性が取れていることが、のちの実験で確認されている。

コペンハーゲン学派の解釈では、量子が波動性を示しているときは、1つの量子が複数の状態にあり、それぞれの存在確率で同時に重ね合わさっていると考えるのだ。これがすなわち、重ね合わせ状態である。

さらに、複数の存在確率によって分裂したかのような状態になっていた量子は、観測（測定）によって、なぜか不思議なことに1点に収束し、粒子性を表すというのである。これを「**波束**（はそく）**の収縮**」という。この解釈は、あとで量子コンピューターを理解する上で極めて重要になってくるので、しっかりと覚えておいていただきたい。

シュレーディンガーは、次の思考実験を例に挙げて、コペンハーゲン学派に反論した。これが有名な「**シュレーディンガーの猫**」である。

まず、猫を蓋のある箱の中に閉じ込める。そして、ガイガーカウンター（放射線検出装置）をスイッチにして毒ガスを発生させる装置と、放射性物質をこの箱の中に入れる。この放射性物質はある時間内に1回、50％の確率で崩壊して放射線を出す。放射線が出るとスイッチが入り、毒ガスが放出されるため、猫は死んでしまう。放射線が出なければ、毒ガスは放出されないので、猫は生きている。箱を開けるまで、猫が生きているか死んでいるかは確認することができない。これにより、ある時間が経った後、この猫は50%生きていて50%死んでいるという重ね合わせ状態になっていることになる――。しかし、実際に私たちが実感できるマクロな世界では「生きていて死んでいる」状態などあるはずもなく、猫の生死は箱を開ける前にすでに決まっているはずである。

放射性物質を構成する原子の原子核は量子なので、量子力学に従い、50%・50%の確率で「原子核が崩壊した状態（放射線を出す）」と「原子核が崩壊していない状態（放射線を出さない）」の重ね合わせ状態になっていると考えられる。対して猫のような、古典力学に従ったマクロなものには、そういう重ね合わせの議論が当てはまるはずがないのではないか――。シュレーディンガーの猫とは、このようなセットアップを考えた場合に、放射性物質は量子力学にのっとり、猫は古典力学にのっとるのだから、どこかで矛盾が生じるのではないか、量子の世界と古典力学の世界はつながるのか、つながらないのかというのが話の本質だ。

シュレーディンガーの猫

最も有名な古典的思考実験の1つとして、広く知られる。
箱の中には、①ある特定の時間内に1回だけ50%の確率で原子核が崩壊する放射性物質、②毒ガスの入った容器、③それを壊す装置、④放射線を検出するとその装置を作動させるガイガーカウンターがある。
量子力学の「重ね合わせ」が事実であれば、この箱の中に猫を入れると、「ある特定の時間」が経った後に、猫は「50%生きている」と「50%死んでいる」の重ね合わせ状態にある、ということになるのか?

シュレーディンガーはコペンハーゲン学派に対し、「こういったことは果たしてあり得るのか」と疑問を呈したのだが、量子の世界では、2つの相容れない状態が重なり合っているという現象が、現実に起こっているのである。

空間を超える相関

では、次に、量子もつれ（エンタングルメント）について説明しよう。

量子もつれとは、重ね合わせ状態にある量子が2個以上ある特殊な状態で、そのうちの1個の量子を観測（測定）すると、他の量子にも〝瞬時に〟影響が及ぶという不思議な状態のことをいう。量子力学抜きには説明できない特殊な相関をもった複数の量子の状態のことであり、量子もつれの状態にある量子同士は、お互いがたとえ〝どんなに遠く離れていても〟、何らかの形で強い相関をもっており、片方が外部から受けた影響を、もう片方も瞬時に受けるのである。

確かにこれも、我々が住むマクロな世界では、まったく理解できない話であろう。このことを主張したのもコペンハーゲン学派であり、実際、ここでもアインシュタインらとコペンハーゲン学派は激しく対立した。

コペンハーゲン学派の解釈によれば、量子は観測されるまでは、あらゆる状態の重ね合わせにあり、決まった状態とはなっていないことになる。たとえば、原子や電子はスピンという性質をもっている。スピンとは自転のことで、観測されるまでは、時計回りと反時計回りの2つが重ね合わさった状態で存在するとされる。そして、重ね合わせの状態にある原子2個が、さらに量子もつれの状態にあるとしよう。このとき、一方の原子のスピンを測定すると、波束の収縮が起こって、それぞれ50％の確率で時計回りか反時計回りかの

第2章　量子コンピューターは実現不可能か

研究開発が加速する

現在、量子コンピューターの開発競争が盛んである。その火付け役となった「**量子アニーリングマシン**」が、「組み合わせ最適化問題」と呼ばれる特定の問題に特化した専用マシンであることは、すでに述べた。

組み合わせ最適化問題とは、膨大にある組み合わせの中から、最適な組み合わせを見つけ出すというものだ。有名なものとしては、1人のセールスマンが自分のすべての顧客を訪問して会社に戻ってくる最短ルートを割り出す「巡回セールスマン問題」がある。巡回セールスマン問題の場合、顧客数が増えるにしたがって、巡回ルートのパターンは激増していく。そのため、顧客の数が膨大になると、古典コンピューターでは現実的な時間内で計算処理を完了することは困難だと言われている。

汎用型量子コンピューターとは動作原理も異なる量子アニーリングマシンを「量子コンピューター」と呼んでよいか否かは議論の余地がある。しかし、このマシンの登場をきっかけに、汎用型量子コンピューターの研究開発が再燃することになった。

汎用型の量子コンピューターは、古典コンピューターのNOTゲート、ORゲート、A

NDゲート、NANDゲートと同様に、「**論理ゲート**」を使って計算処理を実現することから、量子アニーリングマシンと区別するという意味で「**ゲート方式**」とも呼ばれている。

ここでゲート方式について説明しておこう。古典コンピューターでは、すべてのデータを1と0という2つの記号の列に変換することで計算処理を行っている。たとえば、「6」という数字が入力されたとすると、それを二進法の「110（$2^2\times1+2^1\times1+2^0\times0$）」に変換してビットに分けている。

データは、「ゲート」（門）と呼ばれるスイッチを使ったNOT、OR、ANDというたった3つの操作によって制御している。NOTやOR、ANDなどの論理的なゲート、すなわち「論理ゲート」による計算処理は、イギリスの数学者ジョージ・ブールが19世紀中頃に考案した「ブール代数」を使って行う。

もう少し具体的に説明すると、まずANDゲートでは、AとBという2カ所に信号の入力があった場合、その信号が両方とも1ならば、このゲートは1を出力し、それ以外ならば、0を出力する。次に、ORゲートでは、AとBのどちらかに1が入力されれば、1を出力する。そして、NOTゲートでは、入力された信号を反転する。すなわち、1が入力

NANDゲートのみでNOT、OR、ANDゲートを作る

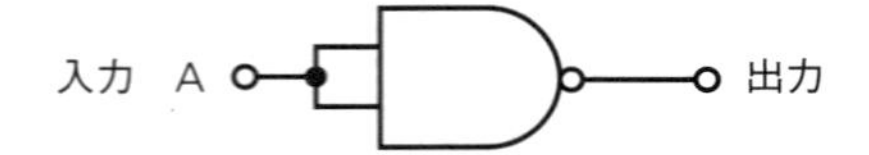

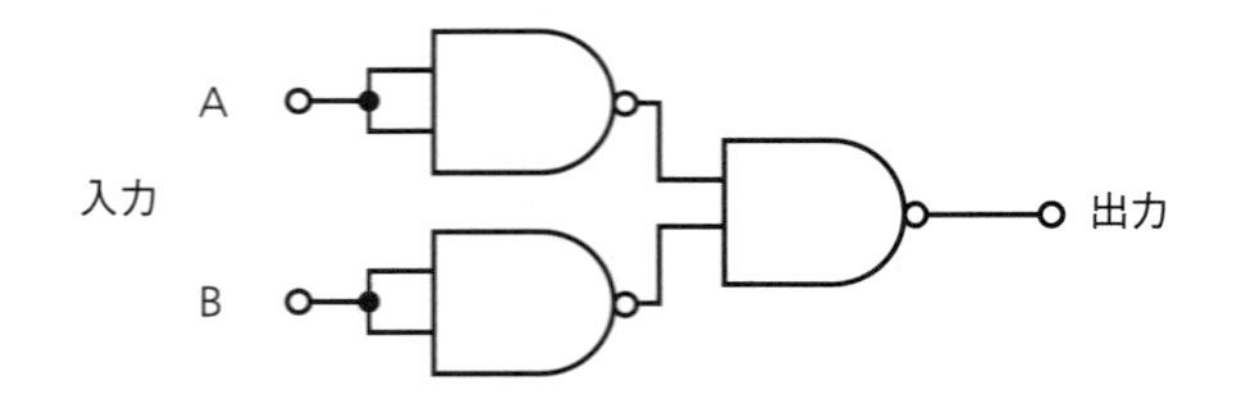

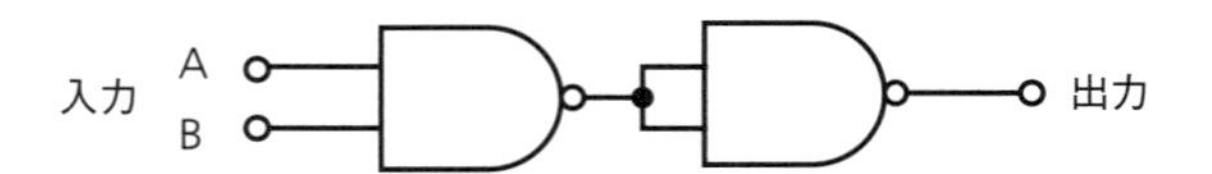

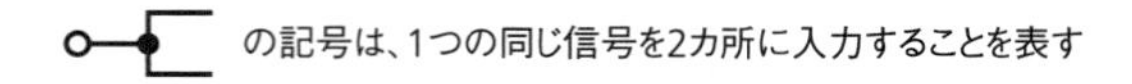

古典コンピューターの論理ゲート

論理ゲートとは、古典コンピューターにおいて2進法の基本的な論理演算を行う回路のこと。

NOTゲート

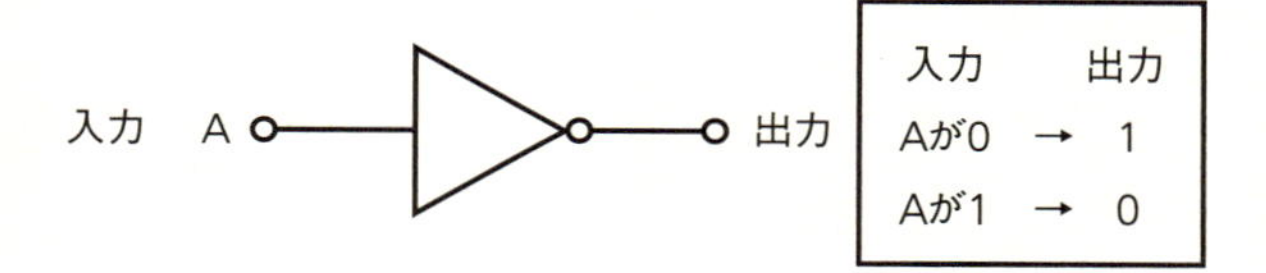

入力		出力
Aが0	→	1
Aが1	→	0

ORゲート

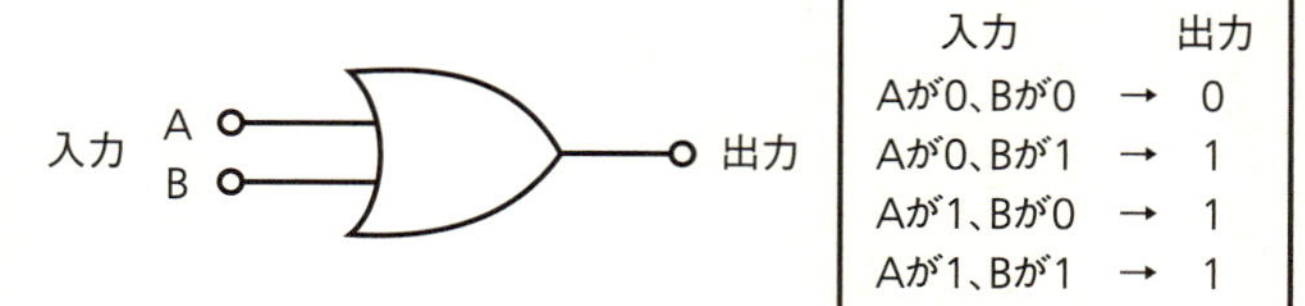

入力		出力
Aが0、Bが0	→	0
Aが0、Bが1	→	1
Aが1、Bが0	→	1
Aが1、Bが1	→	1

ANDゲート

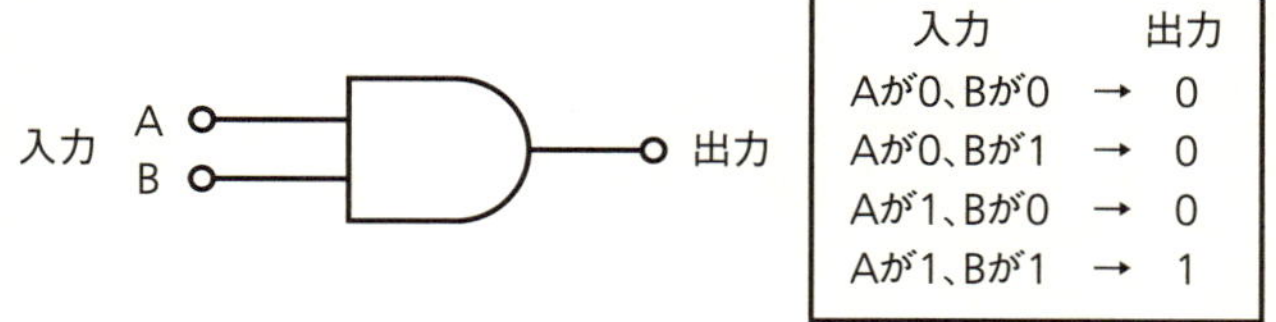

入力		出力
Aが0、Bが0	→	0
Aが0、Bが1	→	0
Aが1、Bが0	→	0
Aが1、Bが1	→	1

NANDゲート

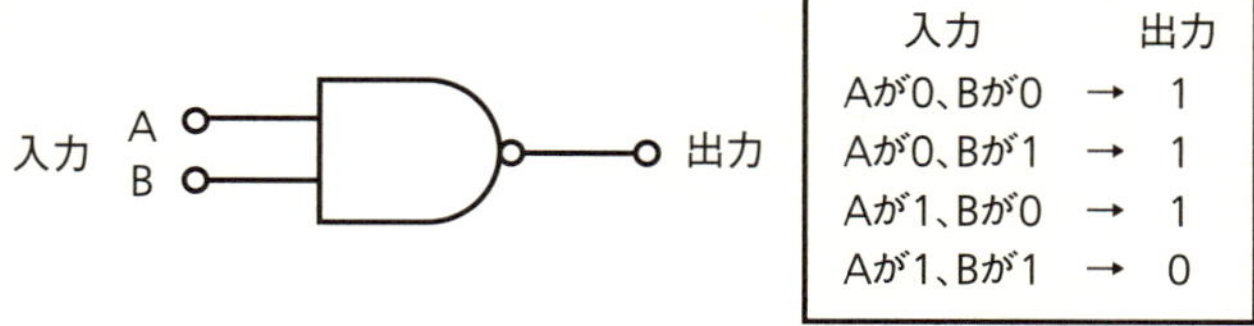

入力		出力
Aが0、Bが0	→	1
Aが0、Bが1	→	1
Aが1、Bが0	→	1
Aが1、Bが1	→	0

されれば0を、0が入力されれば1を出力するのだ。このようなゲートを大量につなぎ合わせることで、あらゆる計算処理を実現可能にしているのである。

さらに現在では、AND（論理積）を否定＝反転（NOT）するNAND（否定論理積）ゲート1種類のみで、NOT、OR、ANDの機能を果たし、論理回路が構成できるようになっている（P.36〜37の図参照）。

世界的な企業や研究機関がしのぎを削る

量子コンピューターで実際に計算処理を行うためには、古典コンピューターで用いる情報単位「ビット」に相当する「**量子ビット**」が必要になる。量子ビットとは、古典コンピューターで使うビットが「0」と「1」のどちらかで情報を表すのに対し、「0」でもあり「1」でもあるという重ね合わせの状態をもつ（P.21の図参照）。この量子ビットは、後述するように複数考案されており、研究機関や企業が独自の量子ビットを開発しようとしのぎを削っている段階だ。現在のところ、IBMやインテルが注力している超伝導体を素材に使った「超伝導量子ビット」の開発の進展が報じられている。これは量子コンピューターの前身ともいえる「ジョセフソン・コンピューター」の流れを汲むものだが、実用化に向けた課題は山積しており、最終的にどの方法が主流になるかは、今のところ未知数だ。

一方、私が1996年から研究開発を進めてきた光を使う量子コンピューターも、もちろん汎用型だ。また、古典コンピューターが電子を使って計算処理を行っているのに対し、私たちの量子コンピューターは、光の量子、すなわち「**光子**（**フォトン**）」を使って計算処理を行う。光子を使うことのメリットは非常に大きく、研究開発が進められている量子コンピューターの中で、最も実現性が高いものと確信している。しかも、実現すれば、日本発の量子コンピューターとなる。

詳細については、第3章以降で説明していくとして、まずは、量子コンピューターの研究開発の歴史を簡単に振り返ってみよう。

ショア博士がもたらしたインパクト

量子コンピューター開発の分野において最も強い衝撃を与えた研究が、1994年にピーター・ショア博士が示した「**ショアのアルゴリズム**」だ。これは量子計算によって、超高速で大きな数を素因数分解するためのアルゴリズムである。ショア博士は当時アメリカのベル研究所の研究者だった（現・マサチューセッツ工科大学教授）。

ショア博士は量子コンピューターを使えば、素因数分解が簡単にできてしまうことを理論的に証明した。これは、量子コンピューターが実現したとすれば、ＲＳＡ暗号は一瞬にして破られてしまうことを意味する。ＲＳＡ暗号とは「巨大な素数同士をかけ合わせてできた数を素因数分解して、元の素数を求めることは非常にむずかしい」ということを利用した公開鍵暗号の1つである。従来のコンピューターでは、現実的な時間内で暗号を解くことが不可能なことから、ネットショッピングやインターネットバンキングなどにも使われている。ところが、量子コンピューターなら暗号の解読が可能になることから、大騒ぎとなったのである。

これを機に、量子コンピューターへの関心が急速に高まっていった。加えて、「集積回路の性能が1年半で2倍になる」という「ムーアの法則」に限界が見えていたこともあり、アメリカを中心に研究開発が加速していった。

しかし、残念ながら、理論を実際のハードウェアに落とし込むことは大変むずかしく、開発は困難を極めた。理論の発表から約40年経った今なお実用化されていないことからも、そのむずかしさがわかるだろう。

ちなみに、現在、量子コンピューターと言えば、「従来のコンピューター」に比べて、桁違いに高速で計算処理ができる次世代のコンピューター」といったイメージが強いが、実際のところ、それほど万能というわけではない。量子コンピューターが実現することで、確実に超高速に計算処理できるようになることが理論的に保証されている問題は、ショアのアルゴリズムに加え、1996年にベル研究所の研究員であるロブ・グローバーが、量子力学の性質を使って膨大なデータの中から目的のデータを探索する手法として開発した「グローバーのアルゴリズム」など、現在のところ約60種程度に過ぎず、それ以外はほとんどわかっていないというのが現状だ。このことも大きな研究課題の1つとなっている。

高速計算のための3つの方法

量子コンピューターにおいて、計算処理速度を向上させることができる方法は3通りある。

①は計算処理のステップ数、つまり使われる論理ゲートの数を減らすこと。②はコア、つまり計算処理を行う回路のクロック周波数を上げること、すなわち1秒間に処理する信号の数を上げること。③はマルチコア、つまりコアを複数並べて並列計算することだ。

ショアのアルゴリズムが高速で計算処理できる理由は、①に該当する。量子コンピューターでは、複数の量子ビット同士に量子もつれを生成することで、計算処理を行う。量子がもつ波としての性質により、量子もつれが起こって量子ビット同士が干渉し合い、それにより、波を強め合ったり弱め合ったりすることで、圧倒的に少ないステップ数で答えを導き出そうとしているのだ。

ステップ数を減らすことができるアルゴリズムほど計算処理が高速にできる。ショアのアルゴリズムは、ステップ数を劇的に減らせることが数学的に保証されているわけだが、すべてのアルゴリズムが論理ゲートを劇的に減らせるわけではない。そのため、どのようなアルゴリズムであれば、ステップ数を減らすことができるかについても、研究が進められているところだ。

②のクロック周波数に関しては、2007年には数ギガヘルツに達していて、それ以降

はほとんど変わっていない。古典コンピューターと同じように電子を使って計算処理を行っている限りにおいては、さらなる向上は見込めないだろう。そこで③のマルチコアにすることにより計算処理の速度を上げているのが実情だが、並列するコアの数を増やすほど、エネルギー消費の増大はまぬがれ得ない。対して、量子コンピューターであれば、1つのコア自体がそれほどエネルギーを使わないので、マルチコア化してもエネルギー消費はあまり増えない。

結局、量子コンピューターであろうとも、今、お話しした3通りの方法のうちのいずれかを実現できない限り、古典コンピューターよりも高速に計算処理できるようにはならない。一方で、そもそも量子コンピューターは、古典コンピューターよりも高速に計算処理できる必要があるのかという根本的な疑問もある。

しかし、量子コンピューターが実現すれば、古典コンピューターに比べて大幅な低消費電力が見込める。つまり、仮に①の方法を実現できなかったとしても、量子コンピューターであれば、極少の電力で、大量の並列計算処理ができるようになるわけだ。それに付随して、超高速な計算処理が可能になると考えればよいだけの話なのである。

低消費電力の理由

なぜ、量子コンピューターは低消費電力なのだろうか。

そもそもコンピューターとは、「入力」として得られる状態を「出力」という状態に変化させる物理プロセスだ。古典コンピューターは、大量のトランジスタのＮＡＮＤゲートによって構成されているのだが、問題はＮＡＮＤゲートを使って論理演算をするたびに、電気エネルギーが消費され、余った電気エネルギーが熱エネルギーとして排出されてしまうことにある。それに対し、量子コンピューターによる論理演算の場合、まず、理論的に熱エネルギーの排出をゼロにできることが、大きな違いの１つである。

金属と半導体の界面を電子が通過するときなど、「ある状態」から「ある状態」に移るとき、２つの状態の間には、「ポテンシャル・バリア」と呼ばれるエネルギーの山が存在する。この山を越えて隣に移るには、相応のエネルギーが必要となる。従来のコンピューターの場合、ＮＡＮＤゲートで構成される電子回路を電子が移動しながら、計算処理を行っているわけだが、入力と出力では、エネルギーの状態が異なる。入力時の方がエネルギー状態が高く、出力時の方がエネルギー状態が低いのだ。そのため、入力時と出力時のエ

古典論理ゲートと量子論理ゲート

古典論理ゲート（図はNANDゲート）

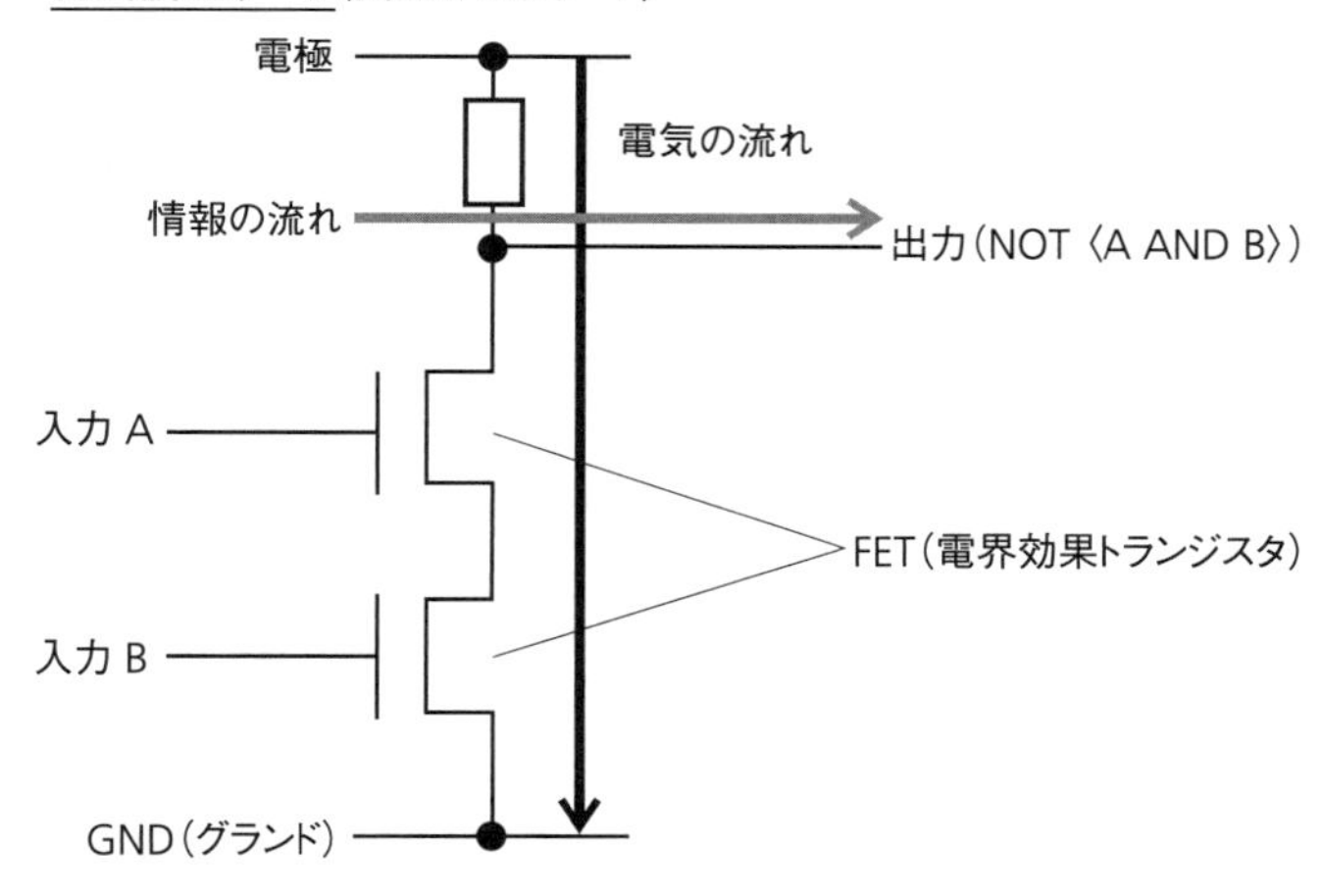

量子論理ゲート（図は「Z軸周り回転ゲート」と呼ばれるタイプ）

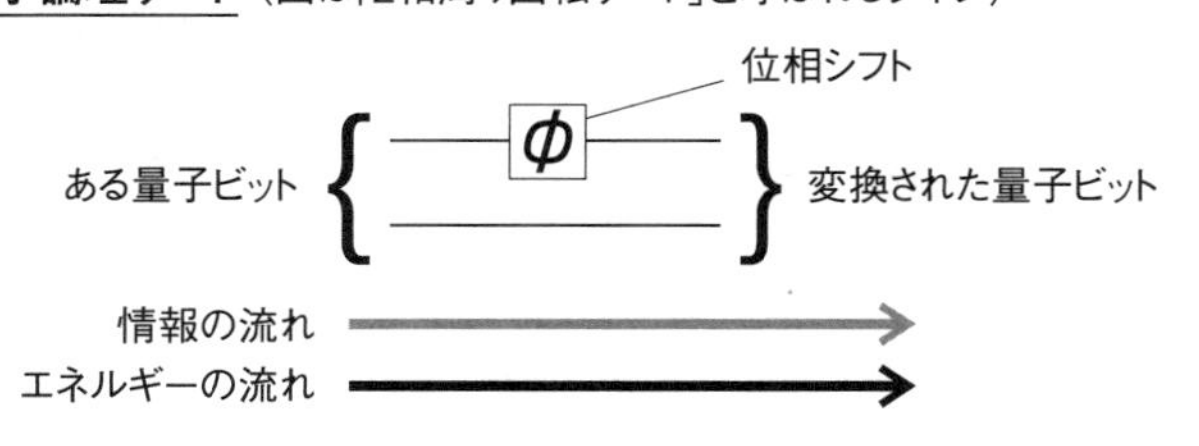

古典論理ゲートでは、「情報の流れ」が「電気の流れ」と直交しており、ワンステップごとに電気を捨てているのだ。たとえば、クロック周波数1GHz（ギガヘルツ）であれば、1秒間に10億回も電気が捨てられることになり、大規模になるほど膨大なエネルギーを消費することになる。

対して、リチャード・P・ファインマンが考えた量子コンピューターでは、可逆変換であり、原理的にエネルギーを消費しない。もちろん、実際にはエネルギーを若干は消費するわけだが、その値は非常に小さい。

見方を変えれば、量子論理ゲートでは、「情報の流れ」と「エネルギーの流れ」がほぼ一致していると言える。

資料提供：Furusawa Laboratory

ネルギーの差分が、熱エネルギーとして排出されているのである。

このとき、当然のことながら、電子は低いエネルギー状態（出力）から高いエネルギー状態（入力）に戻ることはできない。これを「**不可逆変換**」という。

それに対し、量子コンピューターの場合、理論上、入力と出力ではエネルギー状態の高さが同じであり、エネルギー状態には高低差がない。したがって、熱エネルギーとして排出されることがないのだ。そのため、出力から入力への逆向きの変換も可能で、これを「**可逆変換**」という。ファインマンが、量子コンピューターであれば、大幅な低消費電力が実現できると説いたのは、量子コンピューターが可逆変換のコンピューターだからだ。

量子力学においては、頻繁に「**ユニタリー変換**」という数学が登場するが、これは可逆変換の代表格であり、たとえばA_1という状態に、あるユニタリー変換をかけるとA_2に変わり、逆にA_2に逆向きの変換をかけるとA_1に戻れるような、さかのぼれる変換のことだ。ファインマンが提案した量子コンピューターとは、言い換えれば、ユニタリー変換が可能なコンピューターのことなのである。

重要な4つの量子力学的性質

量子コンピューターの計算処理に関する原理を理解する上で、重要な量子力学の性質は主に次の4つだ。

まず、①は第1章でも紹介した「重ね合わせの状態」。これは1個の量子において、複数の状態が同時に存在している状態のことだ。②は「波束の収縮」で、これは重ね合わせの状態にある量子を測定すると、ある1つの状態だけが測定されることをいう。③は、外からの影響により、重ね合わせ状態が壊れ、複数の状態の混合になってしまうことである。このように重ね合わせ状態が壊れることを「**デコヒーレンス**」という。量子ビットによる計算処理を実現する上では、重ね合わせが壊れるまでの時間、すなわち「**コヒーレンス時間**」をできる限り長く保つことが重要だ。逆に、コヒーレンス時間内に計算処理できなければ、正しい値を得ることはできない。

そして、④は「波動関数には、測定できるすべての物理量の情報が含まれており、それは、シュレーディンガー方程式で計算できること」だ。量子状態はシュレーディンガー方程式に従って時間とともに変化し、その変化はユニタリー変換によって表される。

量子ビットにおける重ね合わせと量子もつれの役割

古典コンピューターの電子回路は多数のNANDゲートで構成されている。一方、量子回路は量子論理ゲートで構成される。これは、従来のコンピューターの電子回路を量子力学の世界に拡張したものだ。

先に述べたように、古典コンピューターでは、たとえば「6」という数字が入力された場合、それを二進法の「110」に変換して、「1」「1」「0」と3個のビットにわける。そして、論理ゲートによって論理演算を行う。量子コンピューターの場合も基本原理は同じだ。たとえば、「6」という数字を二進法に変換し、3個の量子ビットに分ける。そして、量子論理ゲートに入れていくのである。

しかし、ここで、古典コンピューターの論理ゲートと大きく異なる点がある。それは、量子論理ゲートで、量子もつれを生成することである。量子コンピューターのポイントは、重ね合わせと量子もつれを使って、量子アルゴリズムに基づき、計算処理を行うことにある。

n量子ビットの計算では、2^n乗通りの場合を同時に実行し、その中から正解を求める。

たとえば、コインを投げる場合を考えてみよう。1枚のコインはそれぞれ「表」と「裏」

の2通りの状態を取る。それぞれのコインを区別するとした場合、2枚だと2^2で4通り、3枚だと2^3で8通りと倍々に増えていく。そして、10枚だと2^{10}で1024通りだ。さらに、コインの枚数を30枚に増やしたらどうだろう。2^{30}で、一気に10億7374万1824通りに膨れ上がる。したがって、量子ビットが30個あれば、2^{30}で約10億通りもの状態を同時に表すことができ、それらを同時に計算処理することになる。ただし、前述の通り、量子ビット同士をもつれさせることによってステップ数を減らすことができない限り、高速に計算処理することはできない。

量子ビットの計算では、正解以外のものは、確率を低くしていくという処理を行っている。具体的には、複数の量子ビット同士に量子もつれを生成し、計算処理の途中、干渉を起こさせ、波を強め合ったり弱め合ったりすることで、少ないゲート数で正解を導き出すことができる。

波には、振幅と位相という2つの成分がある。振幅とは、波の振動の振れ幅のことだ。三角関数のグラフでは、上下方向の伸び縮みに関係する。また、位相とは、三角関数のサイン曲線やコサイン曲線のように、周期的な運動をするものにおいて、その周期の中のど

量子コンピューター

1桁の2進数の足し算をする場合の半加算器

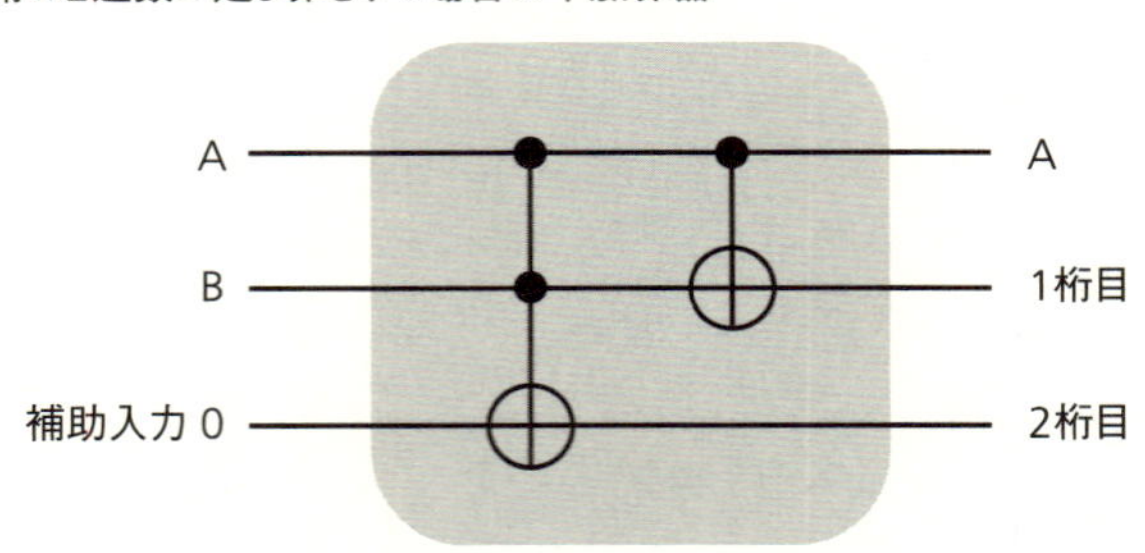

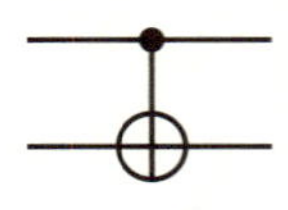

は2つの量子ビットを量子もつれ状態にするゲート

上位ビットが0のとき、下位ビットはそのまま。

上位ビットが1のとき、下位ビットは反転操作（0→1, 1→0）を行う。

入力するA、Bは、それぞれ別の「0」と「1」の重ね合わせ状態の値も取り得る。
つまり
Aは「$\alpha_A | 0\rangle + \beta_A | 1\rangle$」
Bは「$\alpha_B | 0\rangle + \beta_B | 1\rangle$」
とすることもでき、古典的半加算器と同様の
0+0=00
0+1=01
1+0=01
1+1=10
の4通りの計算すべてを実行できる。

資料提供：Furusawa Laboratory

古典コンピューターと量子コンピューターの半加算器

半加算器とは、2つの入力により1ビット（2進数の1桁で「0」か「1」）同士の足し算を行う回路のこと。

量子コンピューターは、量子アルゴリズムしかできないわけではなく、古典コンピューターと同じことができるほか、もちろん重ね合わせ状態の処理もできる。

古典コンピューター

1桁の2進数の足し算をする場合の半加算器

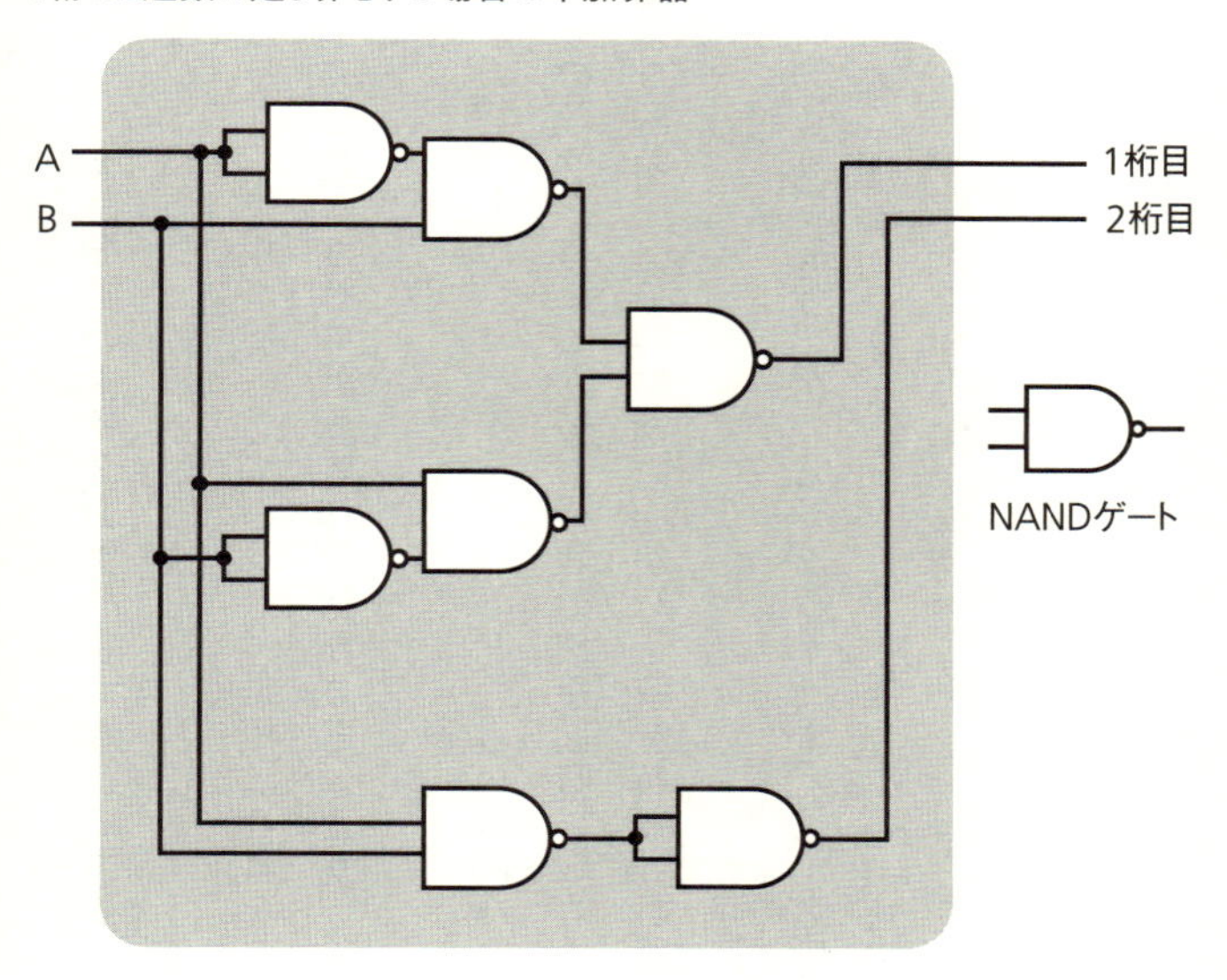

入力するA、Bは「0」か「1」の値を取り、以下の計算のうち、いずれか1つだけが実行される。
0+0=00（2^1が0、2^0が0で、10進法で0）
0+1=01（2^1が0、2^0が1で、10進法で1）
1+0=01（2^1が0、2^0が1で、10進法で1）
1+1=10（2^1が1、2^0が0で、10進法で2）

こにいるかを表すもの、つまり振動のタイミングを表すものである。

　ここで、振幅1の波が2つあり、この2つの波を足すとしよう。2つの波の位相が同じであれば、振幅は2になり、位相が反転していれば、振幅は0になる。もつれている量子ビットにこのような干渉を起こさせて計算処理を行うことにより、正解を高速に導き出すことができるのだ。

　古典コンピューターのビットが「0」か「1」のどちらかの値を取るのに対し、量子ビットでは、重ね合わせの状態を作ることで、複数の値を同時に取ることができ、さらに干渉により、問題に対する解のすべての候補の中から正解を超並列計算により選び出せるのである。

　量子ビットは「|>」のような記号を用いる「ブラケット記法」と呼ばれる記法で表現され、この記号は量子状態にあることを示している。ちなみに、「0」と「1」が重ね合わせ状態になっている量子ビットを数式で表すと、

$$|\psi\rangle = \alpha|0\rangle + \beta|1\rangle$$

と書かれ、これは量子ビット$|\Psi\rangle$が観測によって「αの絶対値の2乗（$|\alpha|^2$）」の確率で「0」になり、「βの絶対値の2乗（$|\beta|^2$）」の確率で「1」になることを意味している。

困難を極める開発

では、なぜ、量子コンピューターの実現はむずかしいのだろうか。

最大の要因は、量子コンピューターが、周囲の環境に対して非常にデリケートであることだ。つまり量子の重ね合わせ状態が壊れやすいという問題である。

量子コンピューターは、重ね合わせ状態と量子もつれという量子特有の現象を利用することで、超並列計算処理を行う。そのため、計算処理中はそれらの状態が壊れないようにしなければならない。そうなると正しい答えを得るためには、計算処理時間をデコヒーレンスするまでの時間よりも短くする必要がある。しかしながら、重ね合わせの状態は、熱などの外乱によって容易に壊れてしまうため、それを防ぎきることはとてもむずかしいのだ。

こうした問題に対しては、重ね合わせの状態が壊れたことによって生じるエラーをいかに訂正するか、つまり後述する「量子誤り訂正」の実現が最重要課題の1つとなってくる。

研究開発が進む量子ビットの方式

さて、現在、さまざまな方式の量子ビットが考案され、研究開発が進められている。従来の古典コンピューターのビットとは、見た目も使われているハードウェアも大きく異なるが、主なものを紹介しよう。

大きく分けると、原子やイオン（プラスやマイナスに帯電した原子）を使った量子ビット、超伝導体を使った量子ビット、スピンを使った量子ビットの3種類ある。

①原子やイオンを使った量子ビット

イメージしやすいのは、1個の原子やイオンを使って1量子ビットを表そうというものだ。原子を構成する原子核の周りを電子が飛んでいる。その電子の2つの軌道を「1」と「0」に対応させ、重ね合わせ状態を作るのだ。

具体的な方法としては、まず、「**イオントラップ**」が挙げられる。複数個のイオンを、電磁場によるトラップに閉じ込める。次に、超高真空という環境下で、閉じ込めたイオンにレーザーを当てて極低温に冷却していく。このレーザー冷却により、イオンは動かなくなる。そこに、さらに制御用レーザーを照射していく。すると、イオンが振動を始める。この振動により、重ね合わせ状態にあるイオンの電子準位（それぞれの電子の軌道ごとに決まっているエネルギーの値）を量子もつれ状態にすることができる。このイオントラップでは、イオンの電子準位を、量子ビットに対応させている。

イオントラップの研究は、アメリカ国立標準技術研究所（ＮＩＳＴ＝National Institute of Standard Technology）の研究グループやインスブルック大学の研究グループが有名だ。

②超伝導体を使った量子ビット

超伝導体を量子ビットとして使う方法にはいくつか方式があるが、そのうちの「**フラックス超伝導量子ビット**」と呼ばれる方式を紹介しよう。超伝導はご存じの通り、絶対零度（０ケルビン＝マイナス２７３・15℃）に近い極低温のもとでは、ある特定の導体の電気抵抗が

0になる現象をいう。超伝導状態にある微小なリングを用意し、そこに電流を流すと、電気抵抗がないため、電流はそのままリング内を回り続けることになる。

電流が流れれば、その向きに応じた磁場が生じるが、このリングが元々もっている磁場の半分の磁場を加えると、このリングを流れる電流は右回りと左回りの重ね合わせ状態になり、これを量子ビットとして用いる。

超伝導を利用する方式は、極低温を作りだすための巨大な冷蔵庫が必要など全体として大がかりにはなるが、世界的にも歴史的な蓄積が多く、日本でも東京大学、NTT、理化学研究所、産業技術総合研究所をはじめ多くの機関や大学などで研究が進められている。

③スピンを使った量子ビット

原子核は、スピンという自転運動をしている。磁場がかかっていないとき、この核スピンの自転軸はランダムな方向を向いている。しかし、磁場をかけると、核スピンの自転軸は、磁場と平行と反平行の2つの方向しか取ることができなくなる。ここで、平行、反平行のそれぞれの状態を量子ビットの|0>、|1>に対応させるのだ。また、反平行の状態は平行

の状態よりもエネルギーが高い。このエネルギー差を考慮し、最適な周波数の磁場をかけることで、核スピンの重ね合わせの状態を実現できる。

このスピンを利用した量子ビットの実現方法の1つに、核磁気共鳴（NMR）がある。NMRとは、一定の磁場の中に置かれた原子核がある周波数の電磁波と相互作用する現象で、病院で検査に使われるMRI（核磁気共鳴画像法）にも使われている技術だ。

NMRによる量子ビットは、溶液に閉じ込めた多数の分子を使う。磁場によりスピンの状態を制御できる原子（量子ビット）をもった分子を大量に用意し、溶液の中に混ぜ、最適の周波数をもつ電磁波のパルスを照射することで、原子スピンに量子情報を書き込んだり、読み出したりする。ただし、分子がもっている量子ビット1個1個が個別の量子ビットとして機能するわけではなく、分子集団をまとめて制御し、その平均的なふるまいを測定することで量子計算を行うことになるため、純粋な量子ビットを作るのはむずかしいとされている。

他にも、電子のスピンを使うものとしては、ダイヤモンドなどの結晶中の欠陥や量子ドット（半導体の微細加工で作られる、ナノメートル〈ナノは10億分の1〉サイズのドットで、電子を3

次元のどの方向にも閉じ込められる）を量子ビットに使う方法が考えられている。ダイヤモンド結晶内の1つの炭素原子が窒素原子に置き換わり、そのすぐ隣が空孔（Vacancy）になったものを「NVセンター（窒素－空孔中心）」と呼ぶ。このNVセンターにおける電子スピンと核スピンや周囲の炭素原子により量子ビットが形成される。それぞれの電子スピンの状態を|0>、|1>に対応させるのである。それぞれの電子スピンは、電磁パルスによって制御することができる。

ただし、量子コンピューターを実用化レベルにするためには、数百万量子ビット以上が必要とされており、いずれの方式も実現までの道のりはかなり遠いと言わざるを得ない状況だ。

第3章　光の可能性と優位性

「量子テレポーテーション」は「テレポーテーション」ではない

現在、世界中でさまざまな方式の汎用型量子コンピューターの研究開発が進められているが、ここからは、私たちが1996年から研究開発に取り組んでいる「**量子テレポーテーション**」、そして、それにより実現する量子コンピューターについて紹介していくことにしよう。

これまで紹介してきた原子やイオン、超伝導、スピンを使った量子ビットはすべて〝静止〟している、つまり、限られた空間の中に留まっていることから、「静止量子ビット」と呼ぶことができる。それに対し、私たちが研究開発を進めている量子コンピューターの最大の特徴は、量子ビットに光の量子である光子（フォトン）を使っていることだ。光子はまさに光速で飛行しているため、「飛行量子ビット」と呼ぶことができる。

静止量子ビットと飛行量子ビットでは、量子コンピューターの実現の仕方が大きく異なる。そのため、今後は、光子を使った量子コンピューターのことを特に「**光量子コンピューター**（〝光量子〟は〝ひかりりょうし〟とも〝こうりょうし〟とも読む）」と呼んで、他と区別していくことにしよう。

あとで詳しく説明するが、光量子コンピューターの長所を簡単に言えば、室温・大気中でも動作するので、重ね合わせ状態や量子もつれを生成し維持するための巨大な冷却装置や真空装置が不要で、実用性が高いこと、光は空間を光速で移動するため、情報通信にもそのまま利用できることなどが挙げられる。

そして、光量子コンピューターの最も基礎的な技術となるのが、量子テレポーテーションである。「テレポーテーション」というと、SF映画やSF小説の影響で、「瞬間移動」といったイメージをもたれやすい。しかし、それは誤りだ。私たちが研究開発を進めている量子テレポーテーションとは、量子力学を利用した〝情報〟の送信方法のことなのだ。

一般に情報を送る場合、その情報は、発信者側に残しておくことができる。メールを思い浮かべてもらえれば、誰もがすぐに納得できると思うが、最もわかりやすい例は、ファクシミリだろう。ファクシミリで原本を送信したとしても、誰も、「わっ、オリジナルを送ってしまった!」と言って慌てることはない。オリジナルは必ず送信者側の手元に残り、そのコピーが受信者側に届くしくみだからだ。つまり、現在のあらゆる情報送信は、受信者側にコピーを送っているのだ。

ところが、量子の世界では、非常に厄介なことに、情報をコピーすることができない。これを、「**ノー・クローニング定理**（**量子複製不可能定理**）」という。

そこで、情報を送る手段として、量子もつれをうまく利用することにより、「送信者の情報を消し、受信者側でその情報を蘇らせる」のだ。つまり、送信者側にあった情報が消えて、受信者側で現れることから、これを量子テレポーテーションと呼んでいるのである。

ここで1つ注意しておきたいのは、いくら量子テレポーテーションを用いても、光速を超える速さで情報を送信することはできないということである。確かに、量子もつれの状態にある量子同士の場合、一方の量子への影響が他方の量子にも瞬時に伝わることは、すでにお話しした通りだ。しかし、量子テレポーテーションを完了させるには、原理的に、どうしても古典的な通信手段を併用することが避けられず、その制限を受けるのである。

不確定性原理からは逃れられない

ところで、量子の世界では、情報はなぜコピーできないのだろうか。

別名「ハイゼンベルクの原理」と言われる「**不確定性原理**」によれば、位置と運動量は

不確定性原理

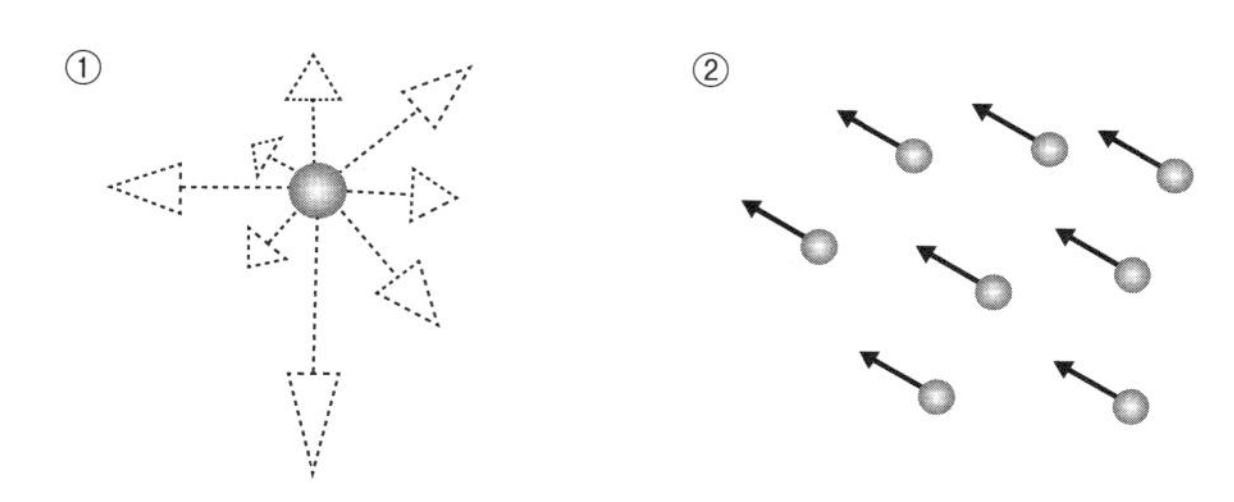

測定によって、量子の「位置」と「運動量」を同時に確定することはできない。
①は測定によって、量子の「位置」が確定した状態。四方八方に伸びた破線で描かれた矢印は、運動量が不確定になっていることを表している。それは同時に「すべての運動量が重ね合わせになっている」ことを意味する。
②は測定によって、量子の「運動量」が確定した状態。実線で描かれた矢印が量子の運動量であり、量子の位置は不確定になっている。それは同時に「すべての位置の状態が重ね合わせになっている」ことを意味する。

講談社ブルーバックス『量子テレポーテーション』(古澤 明著　2009年)から作成

同時には決まらない。ある物体の位置が決まると、運動量は不確定になる。このことは、あらゆる運動量が重ね合わせの状態になっていると解釈できる。一方、ある物体の運動量が決まると、今度は位置が不確定になる。これは、あらゆる位置が重ね合わせの状態になっていると解釈することができる。

対象物を「見る」という行為は、対象物に光を当てて跳ね返ってきた光が目に入り、それを視神経が認識するということである。「測定」も同様だ。対象物を測定するということは、対象物に光子や電子などを当てて返ってくる光子や電子などを検出し、それを可視化したり、数値化したりする行為である。

対象物が肉眼で見えるほど大きなものであれば、光子に比べてエネルギーが桁違いに大きいため、光子を当ててもびくともしない。サッカーボールに光を当てても動かないのは、光子に比べてサッカーボールの方が、エネルギースケールが比べ物にならないくらい大きいからだ。ところが、光子とエネルギースケールがあまり変わらない原子や電子に光子を当てると、位置や運動量が変化してしまう。そのため、位置と運動量を同時に確定することはできないのである。

この不確定性原理から、量子状態はコピーできないことがわかる。仮に1つの量子状態がコピーできたとすると、オリジナルで位置を測定し、コピーで運動量を測定することができるようになるからだ。これは不確定性原理に反する。

量子テレポーテーションの方法

量子テレポーテーションの方法を詳しく説明しておこう。

量子もつれを利用した量子テレポーテーションの概念を理論的に構築したのは、ＩＢＭ

に在籍するアメリカのチャールズ・H・ベネット博士らで、1993年のことだった。これは、2個1組の量子もつれをうまく使い、また、既存の古典的な通信手段を併用することで、遠隔地に情報を伝達しようというものだ。

ここでは、送信者アリスが受信者ボブに、量子ビットVを送る場合を考えてみよう。ちなみに、情報の分野では、送信者をアリス、受信者をボブと呼ぶのが慣例となっているので、それに従うこととする。

まず、アリスは、量子Aと量子もつれの状態にある量子Bを作り、量子Bのみをボブに送る。その後、アリスは元来送りたい量子ビットVと量子Aを合わせて、「ベル測定」と呼ばれる操作を行う。ベル測定の詳細については第4章で述べるが、この測定の結果は4通りのうちのどれか1つに決まる。そして、そのベル測定の結果を、古典的な通信手段を使ってボブに送ると、それに対し、遠隔地にいるボブは、アリスから送られてきたベル測定の結果に基づき、量子Bの状態を操作する。すると、ある重ね合わせ状態をもった量子が現れる。実はこの量子が、最初アリスの元にあった量子ビットVと同じ状態なのだ。一方、アリスはベル測定をしたことで、量子ビットVを失う。量子ビットVは測定による波束の収縮のため壊れてしまうからだ。結果的に、アリスの元にあった量子ビットVが、ボブの元に移動したのと同じことになるので、これを量子テレポーテーションと呼んでいるのだ。

この量子ビットVは、元々アリスが他の誰かから受け取り、中継してボブに送信している。そして、アリスは量子ビットVの内容を知ることはできない。なぜなら、アリスが受け取った量子ビットVは、ボブに送信するため、ベル測定を行った段階で、完全に失われてしまうからだ。また、ベル測定の結果の中に量子ビットVの情報は含まれていない。したがって、これは通信中に傍受されることなく、量子ビットVを送信できることを意味している。

このように、量子テレポーテーションを実現する「量子テレポーテーション装置」は、入力された量子ビットの情報をそのまま、別の場所へ出力する装置だと考えることができる。また、この装置に、入力された情報に何らかの計算処理を行い、その結果を出力する機能をもたせることで、量子コンピューターに発展させることができる。さらに、複数の入出力ができるように機能を拡張すれば、大規模な計算処理も可能となる。

量子テレポーテーション

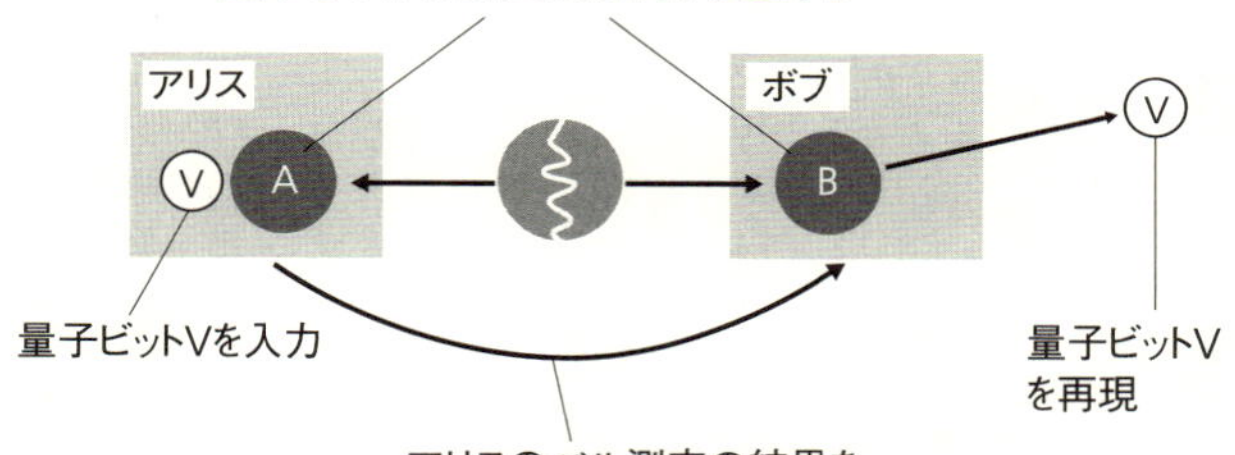

量子もつれ状態にある量子Aと量子Bが生成され、一方はアリス、一方はボブがもつ。
ある情報をもたせた「量子ビットV」とアリスの量子Aをベル測定によってさらにもつれさせたうえ、その測定結果を通常の経路でボブへ伝える。
ボブは伝達されてきた測定結果を基にして、自分がもつ量子Bに操作を加える。
すると、アリスの元にあった「量子ビットV」の情報は、量子テレポーテーションによって、まるで乗り移ったかのようにボブの元で再現される。

資料提供：Furusawa Laboratory

つまり、量子テレポーテーションは、量子コンピューターの最も基礎的な構成要素であると言えるのだ。さらに、量子テレポーテーションは、量子ビットの情報を遠隔地へ送る通信手段とみなすこともできるため、量子通信への応用も考えられる。

光を使うことの優位性

次に、光子を使って量子ビットを実現することの優位性について、詳しく説明しよう。

まず、1点目は、先述の通り、

光子であれば常温で制御できるため、極低温にする必要がないことだ。

原子やイオン、電子を使った量子ビットの場合、絶対零度であるマイナス273・15℃に近い極低温にしなければ、(1個の量子が)重ね合わせ状態にあることも、量子もつれも生成することができない。要するに、原子やイオン、電子を使った量子ビットは熱などの外乱に弱く、少しでも温度が上がってしまうと、重ね合わせや量子もつれがあっという間に壊れてしまうのである。

それに対し、光子の場合、1個の光子がもつエネルギーは、熱エネルギーに換算すると、数万℃に相当する。おおざっぱに言えば、常温は光子にとって、原子や電子など他の量子にとっての極低温のようなものなのである。さらに、光子は外の環境との相互作用が極めて小さく、一度生成した光の量子状態はそのまま保持される。つまり、熱によって重ね合わせ状態や量子もつれが破壊されることがないため、極低温に冷やす必要がなく、常温でもデコヒーレンスまでの時間を長く保つことが容易なのだ。

2点目は、光子の場合、単一光子(光子1個)を効率良く検出する技術がすでに開発されていることだ。量子計算では、結果を知るために、単一量子(量子1個)の量子状態を検出しなければならない。しかし、原子や電子の場合、1個だけの量子状態を高い精度で検出する技術は確立していない。それに対し、光子の場合、検出器に入射した際に、高い確率で検出信号を発生させるような光子検出器がすでに市販されている。後述するが、既存の「偏光素子」などと組み合わせれば、誤差が1万分の1以下の精度で、量子状態を検出することも可能だ。

3点目は、単一光子の状態を容易に制御できることだ。この制御には、通常の光を制御するのに用いられる装置をそのまま適用することができる。

そして、4点目は、量子状態を乱さずに、長距離の伝送が可能なことだ。実際、光ファイバーを使って、重ね合わせ状態にある光子を数十キロメートルも伝送した例が報告されている。このような長距離伝送を電子など他の量子で実現するのは困難だ。ただし、実際に長距離の量子テレポーテーションを行う場合には、既存のインターネットが光ファイバーの途中に増幅器を設置し光の増幅を行っているように、途中に中継器を複数配置し、量子もつれの状態を補強しながら、量子テレポーテーションを何度も繰り返していくことになるだろう。

ビームスプリッターで量子もつれを生成する

光子を使って量子もつれを作る具体的な方法としては、次のようなものがある。まず、ホウ酸バリウムのような光学的に非線形な性質をもつ結晶（非線形光学結晶）に、必要とする光の2倍の周波数をもったレーザー光を当てるというものだ。

このとき、1個の光子が2個に割れるというか、「2ω」の周波数の光子1個が、波長変換によって、エネルギー保存則に基づき半分の周波数「ω」の光子2個になる。これを「パラメトリック・ダウンコンバージョン」という。

パラメトリック・ダウンコンバージョンにより、1個の光子を2個に分裂させることで、量子もつれの状態にある2個の光子を作りだすのである。

それに対し、すでに独立に存在している2個の光子を、量子もつれの状態にする方法もある。それは、「**ビームスプリッター**」を用いるというものだ。

ビームスプリッターとは、ガラス板の片面に「光の反射を強めるコート」を、もう片面に「光の反射を防止するコート」を施したもので、これに入射した光は、一部が反射し、一部が透過する。反射と透過の割合はそれぞれのコートを調整することで任意に選択でき

ビームスプリッター

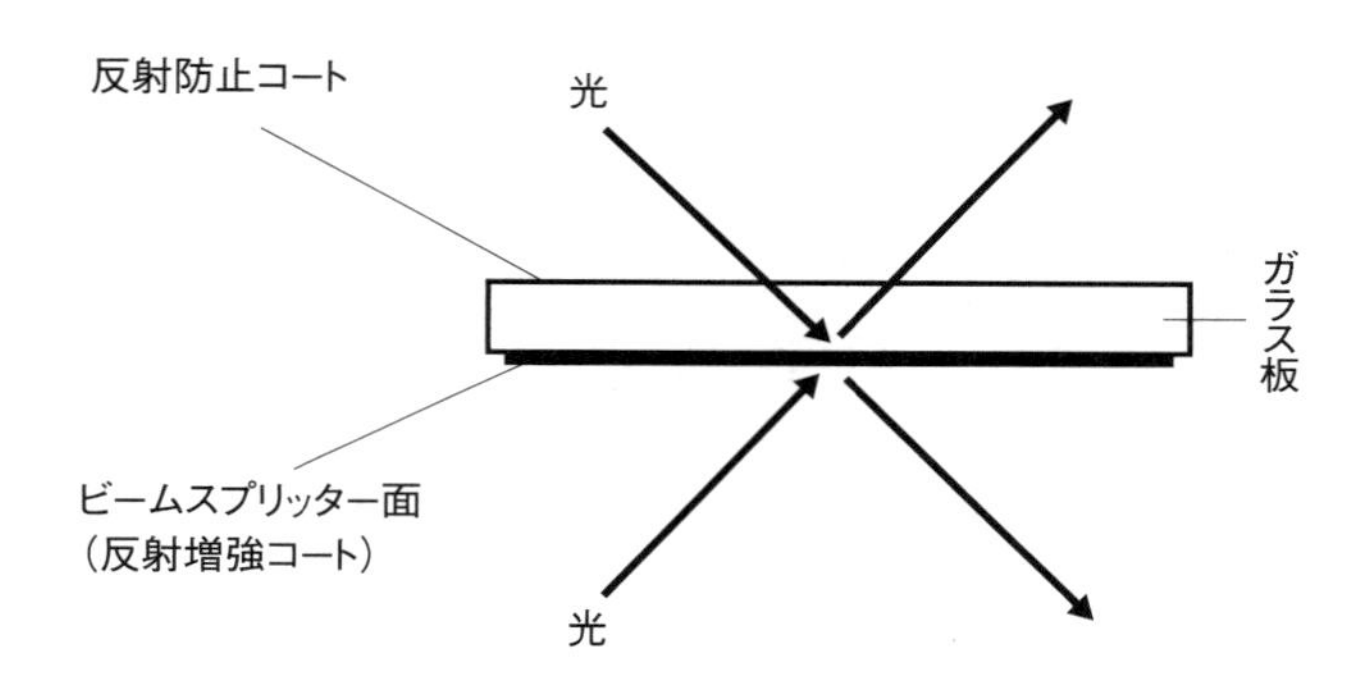

ビームスプリッターの構造。ガラス板の片側に光の反射を増強するコートを施し、もう片側には反射防止コートを施すことで、両側から入射した光を、透過する光と反射する光とに分ける。
両側から入射した光を合波し、出射する「ビームスプリッター」として機能しているのは、反射増強コートを施した側のガラス板の片面だけである。
講談社ブルーバックス『量子もつれとは何か』（古澤 明著　2011年）から作成

るが、本書では特に注釈がない場合は、反射率50%、透過率50%のハーフミラーを用いたものに限定したい。本来はこれを「50／50ビームスプリッター」と言うべきところだが、簡略のため、ビームスプリッターと呼ばせていただく。

たとえば、水平のビームスプリッターの左上から1個の光子が、左下から1個の光子がやってきたとする。ビームスプリッターは反射する確率が50%で、透過する確率が50%なので、それぞれの光子がビームスプリッターに入射した後、右上に光子1

個と右下に光子1個が出射、あるいは右上に光子2個と右下に光子0個、もしくは右上に光子0個と右下に光子2個という3通りの出射パターンがあると思われる。しかし不思議なことに、実際には右上に光子2個が出射して右下には光子0個、あるいは右上には光子0個で右下には光子2個が出射するという、そのどちらかになり、この2つのパターンが重ね合わせ状態になる。そして、これも量子もつれ状態となる。

「量子誤り訂正」の高いハードル

量子ビットに光子を使うことの優位性についてもう少し説明する。量子コンピューターを実現するうえでは不可欠な機能でありながら、現在のところ、光量子コンピューターでしか実現がむずかしいものに**「量子誤り訂正」**がある。これは光量子コンピューターの圧倒的な強みとなっている。

古典コンピューターには、大量のトランジスタが搭載され、周辺にも電磁波をはじめ、さまざまなノイズ発生源があるため、ノイズに伴う〝エラー〟の発生が避けられない。ノイズにより電圧が変化して、ビットの値が0から1や1から0に反転してしまうエラーの

ビームスプリッターで起こる不思議な現象

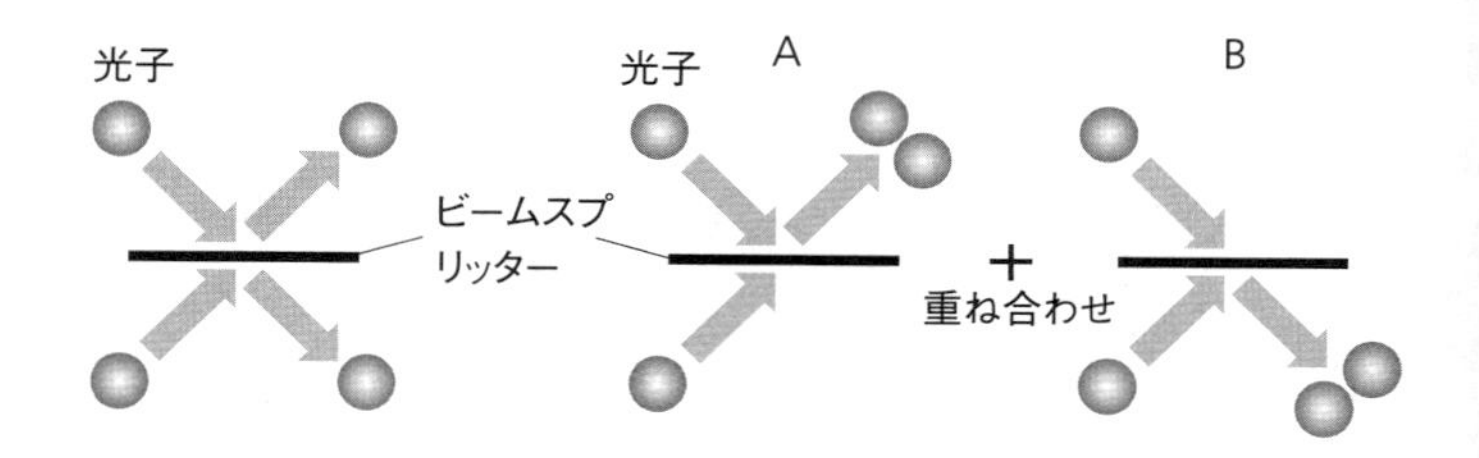

光子を1個ずつビームスプリッターの両側から同時に入射すると、上図の3つのパターンが起こりそうだが、実際はAかBのパターンしか起こらない。
正確に言うと、ビームスプリッターの片側から光子2個が出射され、もう片側からは出射されず、AとBのような2つのケースの重ね合わせ状態となる。

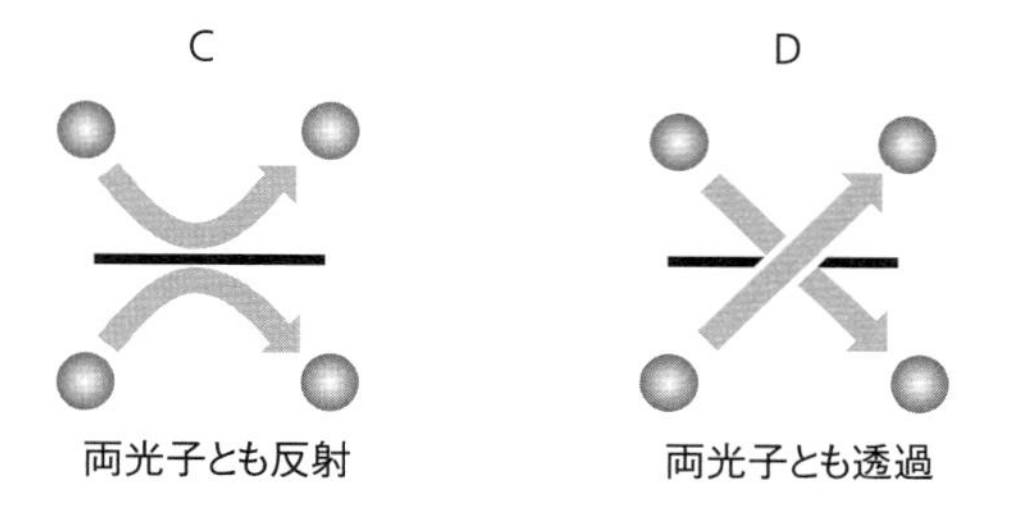

さらに細かく言うと、Cのように両光子とも反射するケースや、Dのように両光子とも透過するケースも考えられるが、CとDのケースは量子力学的に打ち消し合うことになり、実際に起こることはない。

講談社ブルーバックス『量子もつれとは何か』(古澤 明著　2011年)から作成

ことを、「ビットフリップエラー」という。

しかし、仮に「1＋1」を何億回入力したとしても、今の古典コンピューターは「2」という正しい値を表示してくれる。これは、ビットフリップエラーが発生しても、そのエラーを検出して、正しい値に戻すことができる機能を搭載しているからだ。これを誤り訂正というのである。

誤り訂正は、古典コンピューターに必須の機能だ。たとえ、1万回に1回の頻度だったとしても、計算を間違えるようなコンピューターであったとしたら、我々は決して利用することはないだろう。エラーが事実上ないエラーフリーでない限り、コンピューターと呼ぶことはできない。そして、このエラーフリーを実現しているのが、誤り訂正なのだ。

これは、非常に大切な概念なので、もう少し踏み込んで話をしよう。

物理ビットと論理ビット

そもそもビットには、「**物理ビット**」と「**論理ビット**」の2種類がある。実際の電子や光子などのように固有の物理量をもっていてそれを使うビットを物理ビット、一方、アル

誤り訂正

1ビットの場合

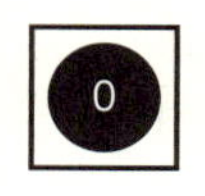

処理過程で
エラー発生

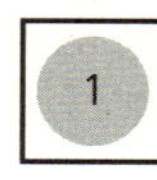

0

1

エラーで
ビットが反転

1論理ビットを3物理ビットで作る場合

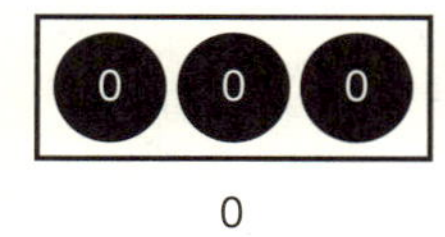

処理過程で
エラー発生

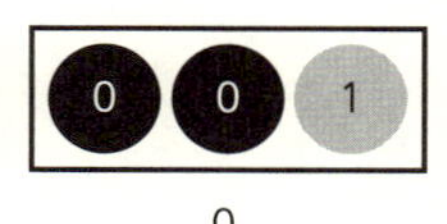

0

0

多数決でエラーを排除

1論理ビットを9物理ビット（3物理ビット×3）で作る場合

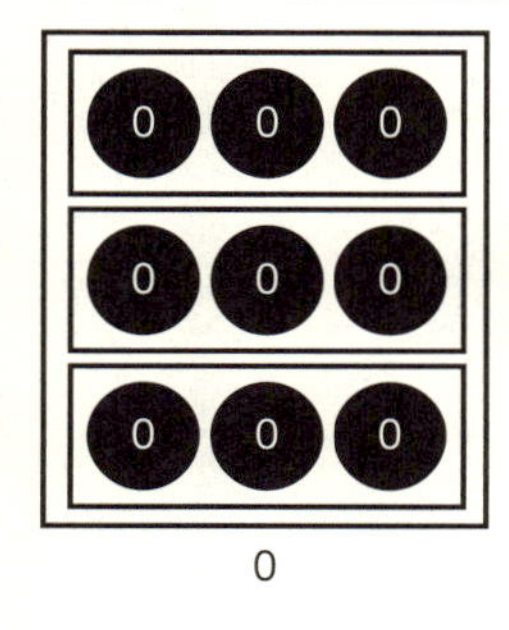

処理過程で
エラー発生

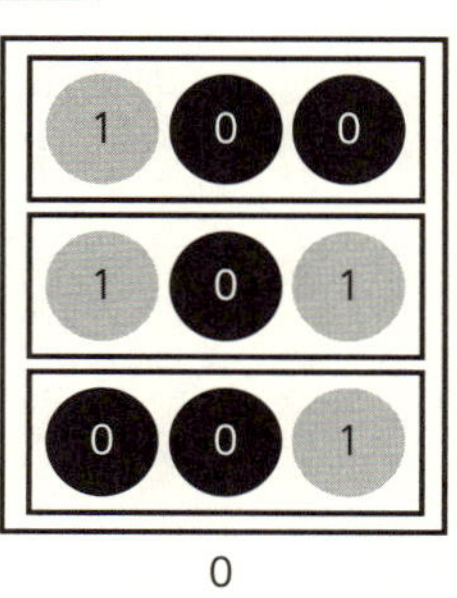

0

0

上から1段目と3段目は「0」で、2段目はエラーを含んで「1」となるが、ここでも多数決でエラーを排除

『Newton』2018年5月号（ニュートンプレス）を参考に作成

ゴリズムなどの中で、数学的に情報を担っているビットを論理ビットという。そして、古典コンピューターには、「物理ビット1ビットだけで、論理ビット1ビットを表さない」という基本的な考え方がある。

たとえば、コンデンサー（蓄電器）が5個あったとしよう。ここで、各コンデンサーを物理ビットと考える。5個ともある値よりも電圧が上だったら、論理ビットは「1」、5個ともある値よりも下だったら、論理ビットは「0」とすることにする。複数のコンデンサーがあれば、5個のビットがエラーによってところどころで反転していたとしても、多数決により、論理ビットは正しい値を出力することができるのだ。

このように、多数の物理ビットで、1つの論理ビットを表すなど、エラーを回避するために余剰をもたせることを「冗長性」という。この冗長性により、古典コンピューターはエラーが発生しても正しい値に訂正することができるのである。

この誤り訂正は、当然のことながら、量子コンピューターにおいても必須の機能だ。ところが、誤り訂正を量子コンピューターに適用しようとしたとき、大きな壁に直面する。それは、量子ビットの場合、重ね合わせ状態にはビットフリップ以外にもさまざまなエラーが起こり得るほか、エラーが起きたかどうか量子状態を直接測定すると、波束が収縮してしまう。つまり、古典的な誤り訂正のように、直接測定して誤りを検出することができないのである。

そのため、1994年には、IBMにおけるコンピューター研究の第一人者であるロルフ・ランダウアー博士は、発表した論文の中で「量子コンピューターは実現できない。なぜなら誤り訂正ができないからだ」と明言したくらいだ。そして、それにより、「誤り訂正ができないものは、コンピューターにはなり得ない」という考えが一気に広がり、「量子コンピューターは夢物語に過ぎなかった」というあきらめムードに陥ったのである。

量子誤り訂正の救世主

しかし、ここに、救世主が現れた。1994年に、あのショアのアルゴリズムを発表したピーター・ショア博士を含め何人かの研究者が、「量子もつれを利用すれば、量子コンピューターで、誤り訂正は可能である」ということを理論的に示したのだ。これにより、再び流れが変わった。これは、「**エラーシンドローム測定**」という方法だ。

エラーシンドローム測定では、まず、守るべき量子ビットのほか補助量子ビットを用意し、これらの間で量子もつれを生成する。ここで、量子ビットの波束が収縮するのを避けるため、補助ビットのみを測定する。このとき、守るべき量子ビットの値が「0」であるか「1」であるかは明らかにせず、エラーの有無のみを判別することができる。最も重要な点は、守るべき量子ビットと補助量子ビットを量子もつれ状態にすることで、エラーの情報が補助量子ビットに乗り移ることだ。これにより、量子ビットの重ね合わせ状態を壊さずに、エラーの情報だけを抜き出すことができるのだ。

ただし、どうしてエラーの有無のみを判別できるのかについては、説明がむずかしく、正確に解説するのは困難だ。守るべき量子ビットと補助量子ビットの間に量子もつれを生成することによって、なぜエラーの情報だけを抜き出すことができるのかは複雑な数式を用いなければ説明のしようがないため、ここではそういうものだと思っていただくにとどめたい。

実際のところ、エラーには、「エラーなし」「ビットフリップエラー」「位相フリップエラー」「ビットフリップエラーと位相フリップエラーの両方」という4通りのパターンがあり、この4通りのパターンが重ね合わせ状態になっている。そして、エラーシンドローム測定を行うことによって、その中の特定のエラーに波束を収縮させることができる。つまり、エラーシンドローム測定とは、4通りのパターンのうちのどのエラーであるかを明らかにし、特定のエラーに波束を収縮させる測定である。しかも、特定されたエラーは、簡単に元に戻すことができるのである。たとえば、波束の収縮で確定したエラーがビットフリップエラーであったなら、このビットフリップエラーを直せばよいのだ。

これは不思議な現象だ。エラーのパターンは無限にあり、そしてエラーはエラーシンドローム測定を行う前に発生しているわけだが、エラーシンドローム測定を行うことで初めて、エラーの種類が確定する。まるで過去を変えているかのように、つまり因果律に反しているように見える。

にわかに納得しがたい現象ではあるものの、私たちは2009年に、この検証実験に成功しており、エラーシンドローム測定が疑う余地のない信頼できる測定方法であることを確認している。

量子コンピューターで最も重要なのは、量子ビットが量子もつれ状態にあることであったが、量子誤り訂正という最も高いハードルの1つに対する解決の糸口もまた量子もつれにあったのだ。こうして見ると、量子もつれはつくづく不可思議極まる現象だが、アインシュタインですら「スプーキー（spooky　気味が悪い）」と言って理解できなかったのだから、誰もわかった気にならないのは当然のことかもしれない。そんな理解不能なことが現実に起きてしまうのが量子力学の世界なのだ。

このようなショアたちによるエラーシンドローム測定のアイデアにより、量子コンピューターの実現可能性が再び浮上した。しかしながら、これを静止量子ビットを使った量子コンピューターで物理的に実現させるのは非常にむずかしく、現在、最も困難な課題の1つとなっている。

困難である最大の理由を簡単に言えば、多くの量子ビット同士をもつれた状態にする必要があるからだ。しかし、量子ビット数が増えれば増えるほど、全体的な量子もつれの状態を保持するのが困難になってしまう。それにより、計算処理の性能が低下するうえ、エラーも起きやすくなる。つまり、二律背反の状況に陥るのだ。

光が先駆ける量子誤り訂正

２０１７年11月にはＩＢＭが50量子ビット、２０１８年１月にはインテルが49量子ビット、さらに２０１８年３月にはグーグルが72量子ビットまで集積度を高めたと発表した。しかし、この量子ビット数は、あくまでも物理量子ビットであって、実際の量子計算を行うための論理量子ビットではない。誤り訂正をはじめ「守りたい量子ビット」の保護は複数の物理量子ビットで担うのだ。論理量子ビット１ビットを実現するためには、非常に多くの物理量子ビットが必要だと言われているので、誤り訂正機能の搭載が不可欠であることを考えると、実用化までの道のりは、果てしなく遠いと言わざるを得ない。

高速化と広帯域化を両立する

それに対し、第４章以降で詳しく説明するが、私たちの研究室で研究開発を進めている光量子コンピューターはこの最大の課題をすでに解決している。誤り訂正が可能なことは、すでに２００９年の実験で実証済みなほか、量子もつれの状態にある量子ビットを大量に生成する技術の開発にも成功している。２０１６年には、１００万量子ビットの量子もつれを確認している。しかも、光子を使っているため、常温で安定であり、吸収や散逸がなければ重ね合わせ状態が壊れないことに加え、量子ビット数の増加に伴う空間的な大規模化という課題とも無縁だ。

実は、私が学生だった1980年代、「**光コンピューター**」の研究開発が盛んに行われ始めていた。

元々通信は、電話線などのケーブルを使い、電気でデータを送信していた。しかし、今では、地球全体が光ファイバーネットワークで覆われており、ほとんどのデータは光ファイバーを使い、広帯域な光で送信している。

光は周波数が100テラヘルツ以上もあるので、情報を載せるためのキャリア周波数が100テラヘルツ以上ということになる。この周波数帯域の広さは「ウルトラ広帯域」と呼べるほどで、高速かつ載せられる情報量を格段に増やすことができ、信号処理が非常に速くなるというメリットをもち、桁違いの高速通信が可能となったわけである。

また、電子の代わりに光を使えば、コンピューターのクロック周波数も桁違いに上げることも可能となる。これは、高速な計算処理が実現できることを意味している。

したがって、コンピューターも、通信同様に光を使って計算処理をすればよいのではないかとは、誰もが考え付くところだろう。しかし、現在、光コンピューターは存在していない。それは、光コンピューターには、致命的な問題があったからだ。それは、当時の光コンピューターはアナログコンピューターであり、誤り訂正を行うための方法が見つからなかったことにある。その結果、デジタルコンピューターが主流となり、現在に至っている。テレビも同様だ。アナログのブラウン管テレビとデジタルテレビでは、デジタルテレビの方がノイズを少なくできる。これは、誤り訂正によって、エラーが発生した情報を元に戻すことができるからだ。

それに対し、私たちは光を量子化、つまり光子として扱うことにより、光でも誤り訂正ができるということを実証している。光コンピューターを進化させ、光量子コンピューターにしたことで、誤り訂正ができるようになったのである。私たちの光量子コンピューター実現への挑戦は、今では幻となった〝夢の光コンピューター開発〟失敗に対するリベンジでもあるのだ。

第4章　量子テレポーテーションを制する

量子テレポーテーション研究のきっかけ

さて、ここからは、私たちが進めてきた光量子コンピューターの研究開発の歴史とその内容について詳しく紹介していこう。

私たちが光量子コンピューターの研究開発を始めたのは、1996年のことである。まず、そこに至るまでのバックグラウンドについて話そう。

1980年に東京大学教養学部理科Ⅰ類に入学した私は、専門課程では工学部物理工学科に進学した。動機は物理が好きだったものの、理学部物理学科は素粒子と宇宙物理が中心であって、自分自身は、もう少し工学に近い研究がしたかったからだ。そこで、物理という名前が入っている物理工学科を選んだのである。現在でも、物理工学科は応用物理を主軸にしており、物理以外にも、回路学や制御論を学ぶことができる。今思えば、この物理工学科を選んだことは、私にとって正しい選択だった。

そして、東京大学大学院工学系研究科物理工学専攻の修士課程修了後の1986年、周囲が皆、電気メーカーに就職する中、「これからは光の時代だ」と考え、カメラメーカーであるニコンに就職した。配属されたのは、品川区西大井にあったニコン大井製作所の開発本部研究所第一研究課という部署だった。当時はカメラと言えばフィルムを使う銀塩カメラであり、デジタルカメラなど影も形もない時代だった。しかし、徐々にコンピューターが社会に浸透していきつつある中、カメラもアナログからデジタルに移行していく必要があるというニコンの方針の下、フィルムに替わる「光メモリー」の研究開発が進められようとしていた。

フィルムは分子レベルで感光するため、画素に換算すれば非常に高解像度であり、それに匹敵する大容量の光メモリーを開発する必要があった。当時、ニコンでは、光磁気ディスクの開発を進めていたが、私は大容量の次世代光メモリーとして、「3次元光メモリー」の開発を任された。3次元といっても空間3次元ではなく、「空間2次元＋波長次元」の3次元光メモリーである。これには「光化学ホールバーニング」といって、波長多重性により、従来の光メモリーの容量を1000倍〜1万倍も高めることができる超大容量光メモリーを実現するための原理が用いられる。

そして、光化学ホールバーニングに関する論文を読み漁る毎日が続く中、東京大学先端科学技術研究センターに在籍していた三田達(いたる)教授（当時）と堀江一之助教授（当時）に声をかけられ、国内留学をすることとなった。両先生の下、光化学ホールバーニングの実験を行う日々を送った。実は、三田・堀江研究室は高分子化学の研究室であり、物理工学科出身の私は門外漢だったが、研究は非常にスムーズに進み、3年後には学位論文をまとめ、私は博士号を取得した。

2年間の国内留学ののち、会社に戻ると、基礎研究部門が茨城県つくば市に移転し、筑波研究所ができるということになり、より基礎研究にシフトすることになった。そして、ここで私は、超大容量光メモリーの実用化に向けて、重大かつ基本的な問題に気付いた。それは、いくら光メモリーを大容量化できたとしても、高速に読み出すことができなければ、意味がないということだ。

そこで、光パルスの照射を利用し、物質から光を放出させ、異なる光同士の干渉を利用することで高速な読み出しができる「フォトンエコー」も開発することになったのである。実はこれらは、今振り返ると、現在、私たちが研究開発を進めている光量子コンピューターに必要な技術をすでに使っていた、というか、そのものであった。そういう意味では、私は30年以上にわたり、光量子コンピューターの研究開発に携わってきたことになる。

しかしながら、フォトンエコーが実用化されることはなかった。最大の理由は、フォトンエコーという現象を起こすためには、極低温にする必要があったからだ。当然のことながら、極低温は一般的な普及機には向かない。現在、世界各国で研究開発が進められている超伝導量子ビットなどを使った量子コンピューターも、極低温にしなければ動作しない。私たちが室温で動作する光量子コンピューターにこだわる理由の1つは、この時代の苦い教訓が背景にあるからなのである。

光の粒子性を扱う限界

1994年当時、私は光メモリーの読み出しを高速に行うためには、光の量子力学的状態を制御する必要があると考えていた。なぜなら、光メモリーの容量が1000倍になった場合、読み出しも1000倍の速さで行わなければ意味がないわけだが、光でより多くの情報を高速に読み出そうとすると、決められた光の量でたくさんの情報を読み出すことになるため、情報一つ一つに対して使える光の量が減ってしまうことになり、究極、光子1個のあるなしで0と1を判断するしかない。これが読み出しの古典物理学的限界であるが、読み出しを1000倍の速さで行うためには、この限界を破る必要があったからだ。

そして、調査を重ねた結果、読み出す光の粒子としての性質ではなく、波としての性質を利用すればよいという結論に至ったのだ。これが、今思えば、光量子研究のスタートであった。

先述したように、光は粒子であり波でもある。私は量子力学の波動性を利用して読み出しができれば、粒子性という限界を突破できるのではないかと考えたのだ。

そこで、そのための基礎研究がしたいと上司に訴えた。そして、当時、筑波研究所所長を兼務されていた鶴田匡夫氏（のちに副社長）に、電気通信大学の宅間宏教授（当時）を紹介していただき、さらに、宅間教授にカリフォルニア工科大学（カルテック）のジェフ・キンブル教授への推薦状を書いていただいた。1996年春のこと、私はこうしてカルテックへの社会人留学を果たした。

カルテックというターニングポイント

量子コンピューターという言葉は以前から聞いていたが、自分が研究を本格的に始めた

カルテック時代「QUICプロジェクト」のオリジナルメンバー
最後列の1番左がキンブル教授、最前列の1番右がプレスキル教授で、1番左が著者。
写真提供：Prof. John Preskill

のは、まさに、１９９６年８月にカルテックに留学したときだった。その年に、カルテックで偶然、アメリカ初の量子コンピューターの研究開発プロジェクト「ＱＵＩＣ（クイック）プロジェクト」が発足していた。私は留学を機に、そのオリジナルメンバーとなったのである。ＱＵＩＣとは、quantum information and computation（量子情報と量子計算）の頭文字に由来するものだ。

当時、私は留学先で量子コンピューターの研究開発に携わることになろうとは、夢にも思っていなかった。しかし、「新たなプロジェクトが始まる。お前はそのメンバーの１人だ」とキンブル教授に屈託のない笑顔で迎えられ、気付くと集合写真におさまっていた。その写真は現在でも、私の研究室の壁に大切に貼ってある。そして、このことが、その後の私の人生を大きく変える出来事となったわけだ。今でも運命的な出会いであったと感じている。

私がカルテックに行った翌年の１９９７年、日本では、山一證券が経営破綻し倒産するなど経済の大混乱期であった。当時はインターネットも今ほど快適に使える環境にはなく、そのため、私は新聞社の衛星配信版を取り寄せるなどして、日本に関する情報を集めていた。

残念ながら、私が帰国する１カ月前の１９９８年８月、ニコンの筑波研究所は閉鎖となり、私は帰る場所を失った。結局、入社当時にいた古巣の大井製作所に戻ることとなったが、完全な浦島太郎状態だった。だが、幸いなことに、入社当時お世話になった上司が部長としてまだ在籍しており、「せっかくアメリカまで行って、大きな成果（この章で後述する、完全な量子テレポーテーション実験の成功のこと）を上げてきたのだから、研究を続けてはどうか」と言われ、細々と研究を続けることとなった。

しかし、今後もずっと基礎研究を続けていくことができる環境にはないと悟り、大学に職場を求めることになる。ラッキーなことに、少しすると、私が卒業した東京大学大学院工学系研究科物理工学専攻で助教授を公募していたので、迷わず応募した。そして、運良く採用され、今に至っているのだ。実を言うと、学生時代には、研究者になろうとか、ましてや光量子コンピューターの研究開発をしようなどとは夢にも思っていなかったというのが正直なところである。

カルテックには、誤り訂正に関する理論を構築したジョン・プレスキル教授がいた。彼は、2018年3月14日に惜しまれながら亡くなったあのイギリスの天才物理学者スティーブン・ホーキング教授と仲が良かった。ホーキング教授はアメリカにやってくるたびにプレスキル教授の元を訪ねていた。プレスキル教授は、賭けをしてホーキング教授からTシャツを巻き上げたこともあったという。

プレスキル教授は、本来量子宇宙論の研究者だ。量子コンピューターに不可欠なコヒーレンスとは、波としての性質をもつ量子の位相の揃い具合、言い換えれば、干渉のしやすさを表しており、一方、デコヒーレンスとは、外部との相互作用によって位相が乱れ、壊れてしまうことをいうわけだが、元々宇宙はビッグバンの前はたった1個の量子だったので、それが爆発しても周囲には何もない。したがって、外部との相互作用によって起こるデコヒーレンスなど発生しようがない。つまり、宇宙全体はユニタリー変換による発展であるということができる。そして、ユニタリー変換は可逆変換であることから、宇宙は元の1個の量子に戻ることができるはずだ――。

プレスキル教授は、このような量子宇宙論的な思考を巡らす中で、壊れてしまったものでも元に戻せるはずだと考え、誤り訂正に思いを馳せ、その理論を構築したのである。

カルテックの仲間には、プレスキル教授のような量子宇宙論の研究者が多くおり、現在では、特に重力理論と量子もつれに関する研究を渾然一体となって進めている。宇宙の成り立ちについて語るうえで、今や量子もつれは欠かせないものとなっている。

光で光の位相を制御する

さて、ここで、量子テレポーテーションの歴史を振り返っておこう。

まず、1993年に、IBMのチャールズ・H・ベネット博士らによって「量子ビットの量子テレポーテーション」が、そして翌1994年に、イスラエルのレフ・ヴェイドマン教授によって「量子ビットを含む一般の量子状態の量子テレポーテーション」が提案された。

一方、私が留学する前年の1995年には、キンブル教授のグループが、非常に小さな2枚の鏡の間にセシウム原子の希薄なガスを導入する方法で、「量子位相ゲート」の実験に成功している。

量子位相ゲートとは、量子ビットである「信号光」のほか、「制御光」という光を用意し、「制御光の光子があるとき」と「制御光の光子がないとき」とで、量子ビットの位相を操作するというものだ。たとえば、「制御光子がないとき」は量子ビットを素通しし、「制御光子があるとき」は量子ビットの位相を180度ずらすなどゲートを操作するのである。

180度ずらすのには理由がある。光子を波として捉えると、2つの光子の位相が同じである場合には強め合う干渉をするが、一方を180度、つまり2分の1波長だけずらせば、弱め合う干渉をさせることができる。つまり、この効果により光のスイッチを作ることが可能となる。これは量子計算にはとても重要なスイッチなのだ。

キンブル教授のグループによる実験では、2つの光子に対して、片方を量子ビット、もう片方を制御光子とした。そうすることにより、制御光子があるときは、量子ビットの位相がわずかにずれるが、ないときは位相がずれないといった制御ができるというわけだ。これが量子位相ゲートの原理検証実験になっている。

ツァイリンガー教授らの量子テレポーテーション実験

1997年には、オーストリアのインスブルック大学のアントン・ツァイリンガー教授らが、ベネット博士らが提案した量子ビットのテレポーテーションの実験を行った。その実験方法とは次のようなものだ。

まずは、量子もつれの状態にある2個の光子を発生させる。具体的には、紫外線レーザーを、非線形光学結晶に照射する。このとき、発生した2個の光子のうち、光子Aはアリスの方へ、光子Bはボブの方へ進んで行くように、ビームスプリッターなどをセットする。アリスの側ではさらに、ボブへ送信したい情報を載せた光子V_1とV_2を発生させる。V_1とV_2ははじめ量子もつれの状態にある。しかし、すぐに偏光フィルターで一定の偏光状態のものだけを選ぶため、量子もつれの状態は解消され、単独の光子V_1となる。ここで光子V_2はV_1の存在証明のために用いられている。

次に、光子V_1と光子Aを量子もつれの状態にするために、アリスは2台の検出器を使って、2個の光子を「**ベル測定**」する。2つの量子による量子もつれには「0と1」「1と0」「1と1」の特別な重ね合わせ状態（ベル状態）が4つ存在する。ベル測定とは、そのうちのどれに該当しているのかを測定することで、もともと独立であった2つの量子を量子もつれ状態にする操作をいう。この場合、光子V_1、Aという2個の光子の相対的な関係、つまり4つのベル状態のうちのどれに該当するかを測定するというものだ。

そして、アリスがベル測定を行うと、送信したかった光子V_1の偏光状態に近い状態が、ボブの光子Bに現れる。ただし、ボブの光子Bが光子V_1とまったく同じ偏光状態になるためには、古典的な通信を使って、アリスからベル測定の結果を聞かなくてはならない。

しかし、このツァイリンガー教授の実験には問題があった。まず、量子テレポーテーションの成功確率が1％よりもずっと低いこと。また、量子テレポーテーションそのものができたのか、できなかったのかを検証するためには、ボブがもつ光子Bの測定を行う必要があるわけだが、この測定が「そもそも、もつれた光子対A・Bが生成されていたのかどうか」を検証することも兼ねていたのだ。

量子コンピューターを実現するためには、アリスから送られ、ボブの側で生成された量子ビットを、さらに、次の量子テレポーテーションにつなげていくという工程を繰り返していかなければいけない。つまり、ツァイリンガー教授の方法では、「量子テレポーションができたか」を確認するために、「アリスがボブに送った量子ビット」を測定しなければならない。それにより、量子ビットの重ね合わせ状態が壊れてしまい、次の量子テレポーテーションにつなげることができない。そのことは量子コンピューターに使えないことを意味しているのだ。

また、量子テレポーテーションでは、量子もつれ状態にある2つの量子が取り得る4つのベル状態のうち、どの状態であるかを測定して、その測定結果をボブへ送信することで初めてアリスが送りたい情報がボブに伝達される。

しかし、ツァイリンガー教授の量子テレポーテーション実験で用いられたベル測定では、4つの重ね合わせ状態すべてを区別することはできず、あらかじめ想定している1つの状態しか明らかにできなかった。つまり、残りの3つの状態に対しては対応できず、原理的には25%の成功確率が限界である。

そのため、研究者の間で、真の量子テレポーテーションではないとみなされたのである。

1998年、完全な量子テレポーテーションに成功

一方、翌1998年、カルテックにいた私はキンブル教授とともに、ツァイリンガー教授とはまったく別のやり方で、ヴェイドマン教授が提案した量子テレポーテーション理論の実験に挑み、成功させた。そして、これが世界初の量子テレポーテーションの事例となった。

ツァイリンガー教授が、偏光の重ね合わせ状態にある1個の光子を量子としてテレポーテーションしたのに対し、私は、「**スクイーズド光**」と呼ばれる状態の光を使い、光の波としての性質、つまり、振幅と位相という2つの物理量をテレポーテーションした。

スクイーズド光とは、ある光を2倍の波長、すなわち2分の1の周波数に変換することにより、2個の光子がペアになって飛んでくるというものだ。スクイーズとは「圧搾す

る」という意味で、非線形光学結晶を搭載した「**光パラメトリック発振器**」という機器を使って生成することができる。光パラメトリック発振器は、スクイーズド光を発生させることから、「**スクイーザー**」とも呼ばれる。

もう少し詳しく説明すると、不確定性原理によれば、位置と運動量を同時に確定することはできない。つまり、位置を測定すれば運動量は確定できず、運動量を測定すれば位置は確定できない。光の場合もこれと同じく2つの共役物理量（位置と運動量のようにセットになっている物理量）を同時に確定できないということが成り立っている。ただ、互いに直交する2つの位相成分、すなわち三角関数のサイン成分とコサイン成分のどちらか一方の不確定性を犠牲にすることで、もう一方の成分の不確定性を小さくすることができるのである。スクイーズド光とは、このような特徴をもつ光のことである。

さて、私たちが、世界で初めて量子テレポーテーションを成功させたポイントを説明しよう。それは、無条件で量子もつれを生成する方法を見つけ出したことと、完璧なベル測定の方法を見つけたことである。本来、ベル測定は量子もつれ状態にある2つの量子が取り得る状態のうちのどれかを測定する手段だが、逆に元々量子もつれ状態ではない独立し

光パラメトリック発振器

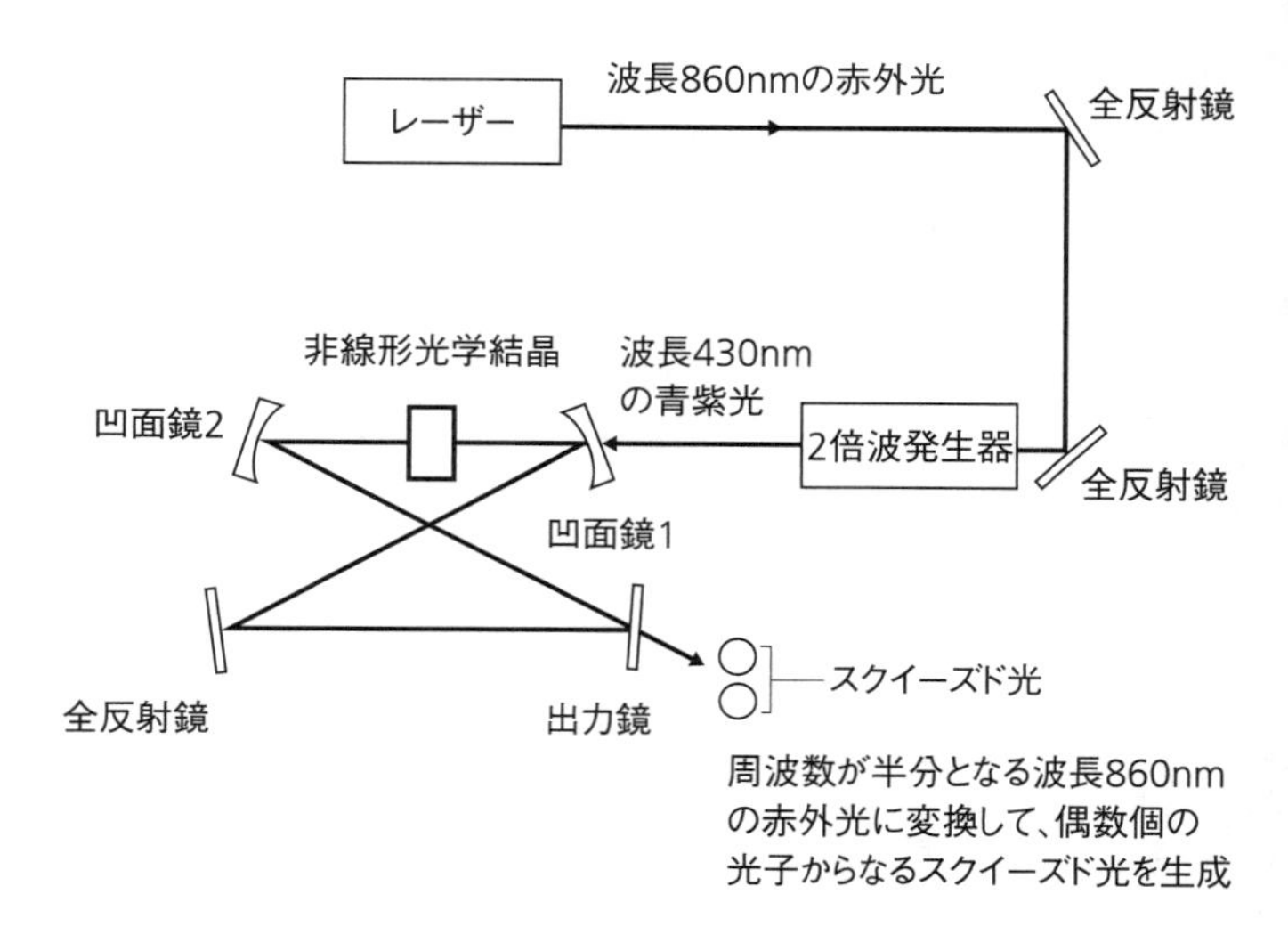

光子が偶数個(上図では2個ペア)になった「スクイーズド光」を発生させる装置。レーザー光を2倍波発生器で2倍の周波数に変換し、波長が半分の430nm(ナノメートル)となった光子を鏡で囲まれた空間の中に入射させる。さらに、内部に設置した非線形光学結晶を透過させることで、半分の周波数(2倍の波長)となる波長860nmの2個の光子が生成される。
生成された半分の周波数の光子は反射を繰り返し、位相の揃った偶数個の光子がスクイーズド光となって出力される。

た2個の光子をベル測定することによって、それら2個の量子があたかも元々量子もつれ状態にあったかのようにしてしまえるのだ。

先に述べたエラーシンドローム測定では、エラーの重ね合わせが収縮し、簡単に直せるエラーのみが起こったことになった。それと同じく、因果律に反するようなことがここでも起こるのだ。

なお、ベル測定には、光の電磁波としての性質を利用して、情報が載せられて届いた光から、元の情報の振幅と位相の関係を復元し、読み取る「**ホモダイン測定**」を使っている。ホモダイン測定は、情報を載せた信号光に対して、ローカルオシレーター光という、振幅が大きい強い光を用意したのち、両者をビームスプリッターでもつれさせつつ増幅して、ビームスプリッターを通過した光の信号差を光検出器（ホモダインレシーバー）で測定するもので、この実験のベル測定ではサイン成分に対して測るものとコサイン成分に対して測るものと、2つを用意している。

アリスとボブがもつれた光子のペアAとBをそれぞれもっていて、アリスが光子Vの情報をボブに送りたいとする。アリスは、自分がもつ光子Aと光子Vとでベル測定を行うと、

ホモダイン測定

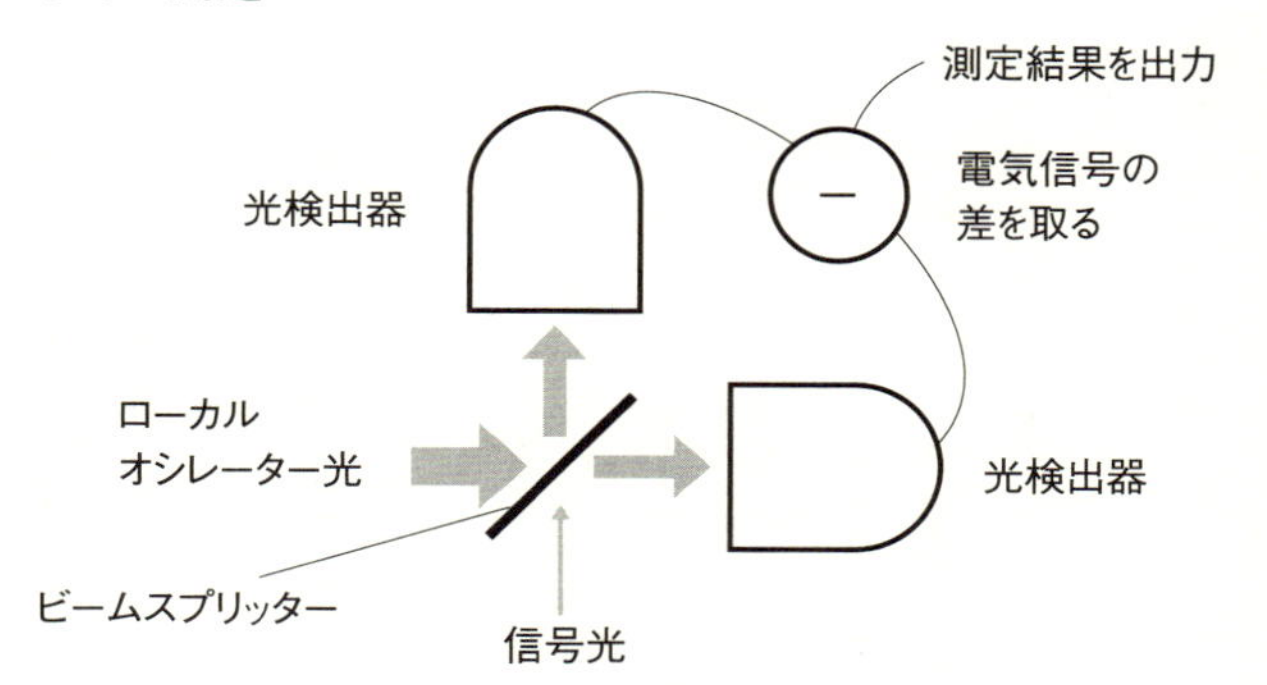

量子テレポーテーショにおけるホモダイン測定とは、情報を載せた信号を送るアリス側で行い、その測定結果をボブ側に送信することで、ボブ側で量子情報を再現させる測定のことである。もう少し正確に言うと、2つのホモダイン測定をすることで、アリスはベル測定を行う。

まず、情報を載せた信号光に対して、ローカルオシレーター光という、信号光より振幅が大きい強い光を用意。両者はビームスプリッターで合わさり、信号光は干渉によって増幅される。

このとき、測定したい位相成分、つまり測定したいサイン成分かコサイン成分のどちらかだけを増幅させることになるのだが、信号光の振幅をA、ローカルオシレーター光の振幅をBとすると、ビームスプリッターを通過した2つの光は

$$\frac{(A+B)}{\sqrt{2}} \text{ と } \frac{(A-B)}{\sqrt{2}}$$

となる。

2つの光は、それぞれ光検出器で電気信号に変換されると、振幅の2乗が出力されるので、それぞれ

$$\frac{(A+B)^2}{2} \text{ と } \frac{(A-B)^2}{2}$$

となる。この差を取ると

$$\frac{(A+B)^2}{2} - \frac{(A-B)^2}{2} = 2AB$$

であるから、信号光の振幅Aがローカルオシレーター光の「振幅倍」されることになる。

信号光が1個の光子のような極めて弱い光でも、ローカルオシレーター光が強ければ増幅して検出できるようになる。

そして、この測定結果を通常の伝達経路を使ってボブに送信する。

講談社ブルーバックス『量子もつれとは何か』(古澤 明著　2011年)から作成

光子Aと光子Vは量子もつれ状態になり、光子Vの情報は光子Aに乗り移り、次いでボブがもつ光子Bに乗り移る。つまり完全な量子テレポーテーションが成立するのだ。

1杯のビールを賭けた実験

ここで、1998年に、世界初の量子テレポーテーションに成功したときの裏話を紹介しよう。

1996年8月にカルテックに留学し、QUICプロジェクトのオリジナルメンバーとなって1年ほど経った頃、キンブル教授から、量子テレポーテーションに関する論文を渡された。

元々ヴェイドマン教授が提案していた量子テレポーテーションに関する理論は、それを基に実験を行うには内容が抽象的過ぎた。そのため、キンブル教授と当時イギリスのウェールズ大学に在籍していたサミュエル・L・ブラウンスタイン教授が、実際に実験が行えるように、ヴェイドマン教授の理論を再構築していたのである。そして、その理論を基に実験を行う役割を、なぜか私が担うことになってしまったのである。

とはいえ、当初はその実現方法は皆目見当が付かず、実験室にある装置をいじりながら、あれこれ思案していた。そして、あるとき、「ああ、こうすればよいのだ」と一瞬にして、完全な方法を思いついたのである。抽象的な言い方をすれば、光がどのように進みたいのか、光の気持ちが手に取るようにわかったのだ。これは理屈ではなく、インスピレーションと言えるものだった。

そうした中、1997年に、キンブル教授とアリゾナで行われたワークショップに2人で参加したことがあった。2人で夕食を取っているとき、私は、「この実験を成功させる完全な方法を思いついた。3カ月でできる」と宣言してしまったのである。それに対し、キンブル教授が「では、ビールを賭けよう」と言うので、私はもちろん同意した。

そして、宣言通り、私は3カ月後に結果をもっていった。すると、キンブル教授は「この結果はすごすぎる。自分の手でやらないと信じられない」と言うので、今度はキンブル教授と2人で実験をすることになった。そして、この結果を3週間後にサンフランシスコで行われる量子エレクトロニクス国際会議（IQEC1998）で発表しようということになった。

実は当初、私は「3週間もあれば、楽勝だ」と考えていた。ところが、予想に反して実験は難航し、遂に発表の前日になってしまったのである。追い詰められていた私は、ここでもまたふとある大事なことに気付いた。そして、祈るような気持ちで試してみたところ、うまくいったのだ。

「大事なこと」とは、光の位相をきちんと調整するということだった。位相を調整する箇所は、数十カ所に及ぶ。それぞれを、ノブを使って調整していくわけだが、最初に自分1人で行った実験では、あまり深く考えず、適当に位相を調整したにもかかわらずうまくいってしまったため、この中のどのノブの調整が肝となるかについては、考えが及んでいなかった。しかし、時間が迫る中、肝心のノブの調整をきちんとしていなかったことにふと気付いたのだ。そこで、改めて調整し直した瞬間、見事に量子テレポーテーションに成功したのである。

その瞬間、キンブル教授と固く握手を交わした。そのときのことは今でも決して忘れることができない。

しかし、ときすでに、発表当日の午前0時を回っていた。そのため、近くにいた学生に

量子テレポーテーション実験

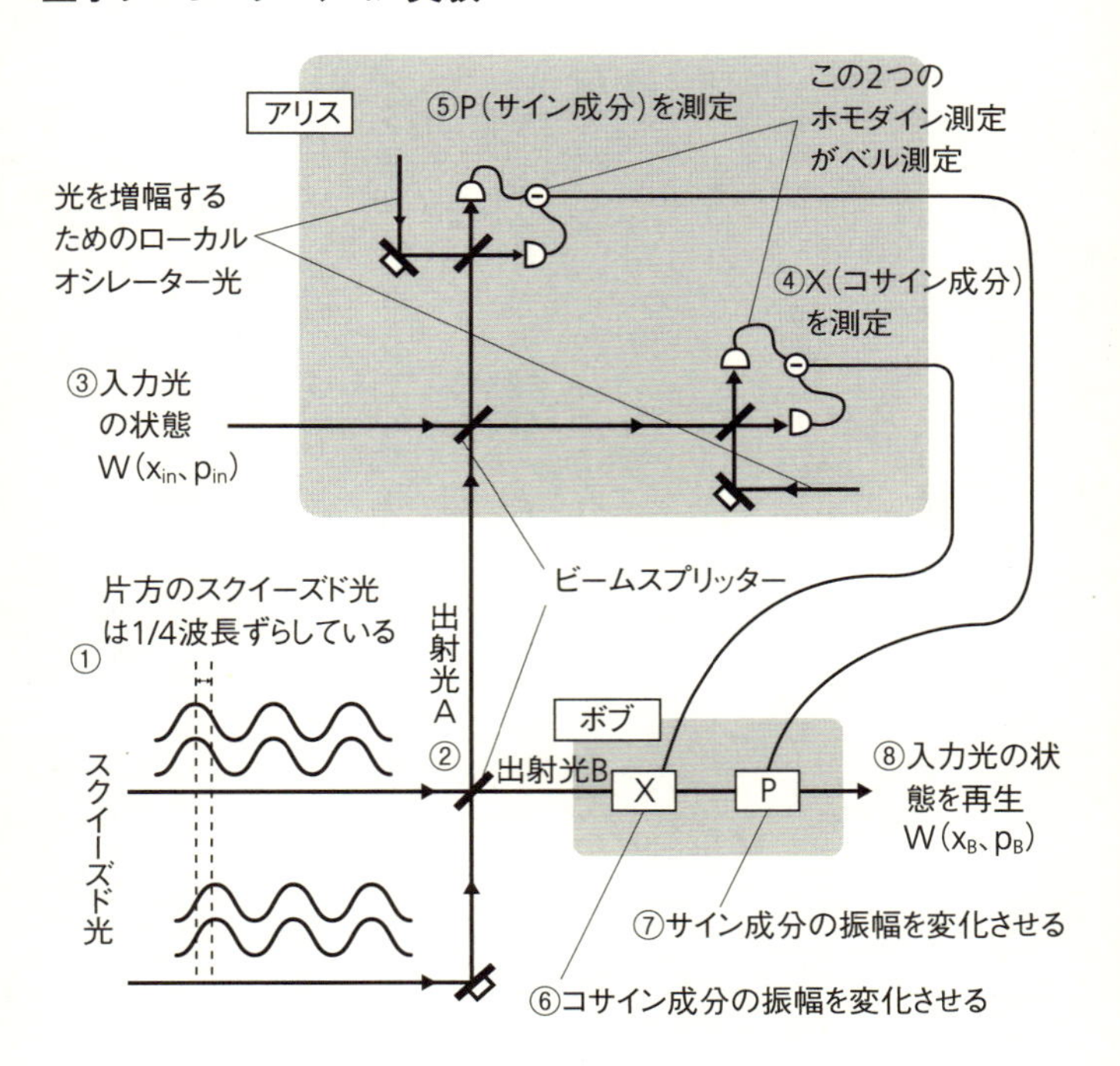

筆者が行った量子テレポーテーション実験の配置概要。
①偶数個の光子の流れである2つのスクイーズド光を、1/4波長ずらしてビームスプリッターに同時入射。
②量子もつれ状態になった出射光Aがアリスの元へ、出射光Bがボブの元へ。
③コサイン成分がx_{in}、サイン成分がp_{in}の入力光Wを出射光Aと合波。④でX(コサイン成分)を、⑤でP(サイン成分)を測定。この2つの測定でベル測定となっている。それぞれの測定結果の情報を、通常の経路でボブへ送信する。
⑥⑦で、ボブはアリスから送られてきたコサイン成分とサイン成分の情報に基づき、出射光Bを操作する。
⑧入力光の状態を再生したWを出力。

講談社ブルーバックス『量子テレポーテーション』(古澤 明著　2009年)から作成

発表用の資料の作成を任せて一旦帰宅し、午前4時にキンブル教授と2人でパサディナの自宅を出発した。そして、頼んでいた発表用の資料を学生から受け取り、サンフランシスコの会場に向かう飛行機に乗り込んだのだ。

ＩＱＥＣの会場には、どうにか発表の約2時間前にたどり着くことができた。会場では、量子テレポーテーションに関する理論を構築したブラウンスタイン教授が私たちが実験に失敗したときを想定して、自らの理論を発表するための準備を進め、心配しながら待機していた。キンブル教授は、ブラウンスタイン教授を見つけるなり、彼の首を絞めて「お前の理論が悪いからこんなに苦労してしまったんだ」と笑って叫んでいた。発表が無事終わりほっとしていると、キンブル教授は、「まだお前にはビールをおごっていなかったな」と言って、食事をごちそうしてくれた。キンブル教授には今でもときどき会うが、そのたびに、必ずこのときのことが繰り返し話題に上る。この思い出は、私にとって一生の宝物となった。

とはいえ、発表会場での聴衆の反応は、キツネにつままれたような感じで、シーンとしていた。また、質疑応答でも真っ当な質問はなかったと記憶している。

一方で、私が痛感したことは、アメリカ人のマーケティングの上手さだった。キンブル教授からは、「何かに成功したら、真っ先にプレスルームに行け」と教わっていた。

実際、ＩＱＥＣでの発表前、キンブル教授が最初に行ったことは、ＩＱＥＣ会場のプレスルームにメディアを集めて、「我々は量子テレポーテーションに成功した」と発表したことだった。このとき、良くも悪くも奥ゆかしい日本人とのマインドの違いを痛感した。

今ではインターネットのおかげで、ニュースは瞬時に世界中に伝わるが、インターネットが普及する以前では、人口密度の低いアメリカで自分自身の成果を広くアピールするには、メディアの力をうまく利用・活用する必要があったわけだ。そのためであろうか、アメリカ人は子どもの頃からマーケティングやプレゼンテーションに関する教育を受けることがあるという。

ＩＱＥＣでの発表後、実験結果を論文にまとめ上げ、１９９８年9月、私は日本に帰国した。ロイター通信社をはじめ各メディアから取材を受けるなど事態が大変慌ただしいものとなっていったのは、帰国後の同年10月に論文が発行されてからだった。そして、「完全な量子テレポーテーションの成功」は、科学論文誌『サイエンス』による１９９８年の

10大成果の1つに選ばれた。その中には、2015年に「ニュートリノ振動の発見」でノーベル物理学賞を受賞した東京大学の梶田隆章教授たちの成果も含まれていた。

さらに、映画『ジュラシック・パーク』の原作者であるSF作家のマイケル・クライトンが、この量子テレポーテーションの実験をヒントに、1999年に『タイムライン』というSF小説を書いたことは、私にとって望外の出来事だった。

2004年、3者間の量子もつれの量子テレポーテーションネットワークに成功

1998年8月に世界で初めて完全な量子テレポーテーションに成功した私は、意気揚々と同年9月に帰国した。ところが、前述の通り、留学中に日本では景気が急速に悪化し、以前在籍していたニコンの筑波研究所はその約1カ月前の8月にすでに閉鎖となり、2000年、私は母校である東京大学大学院工学系研究科物理工学専攻の助教授となった。そして、2004年に実験に成功したのが、3者間の量子もつれによる量子テレポーテーションネットワークだ。

1998年の実験が2者間の量子テレポーテーションだったのに対し、3者間の量子テ

レポーテーションを成功させたことの意義も非常に大きい。なぜならば、3者間で量子テレポーテーションできることによって初めて、ネットワークを形成できるようになるからだ。インターネット同様、3者間はネットワークを組むことができる最小単位である。

多者間で量子もつれを生成し、その判定をする方法に関しては、イギリスにいたピーター・ヴァンルック博士（当時）を日本に招き、2003年に共同で新たな理論を構築した。現在、その理論は「**ヴァンルック−古澤の判定条件**」と呼ばれている。先ほど紹介したように、量子テレポーテーションの理論を構築した研究者の1人にカルテックの同僚ブラウンスタイン教授がいたわけだが、3者間で量子もつれを生成させるための理論は、すでにブラウンスタイン教授と、当時ブラウンスタイン教授の学生だったヴァンルック博士が論文として発表していた。そこで、ブラウンスタイン教授に、「一緒に理論を構築しないか」とメールしたところ、「今は忙しいので、彼を送る」と言って送られてきたのが、門下のヴァンルック博士だったのだ。この「ヴァンルック−古澤の判定条件」で多者間の量子もつれ状態を判定できる術を得たことは、はからずも第6章で紹介する大規模量子もつれ生成法「時間領域多重」の実現に大きくかかわってくる。

私は最初の段階から量子テレポーテーションによるネットワークを想定していたため、この実験の成功は、大規模な量子コンピューターと、量子ネットワークの実現に向けた大きな第一歩となった。また、1998年の実験は、私自身が行ったものだったのに対し、2004年のこの実験は、東大に移籍後、初めて学生と一緒に行ったものであった。実際に実験を成功させたのは学生だったので、喜びはひとしおだった。

2個の量子がもつれた状態のことを、1935年にアルベルト・アインシュタイン、ボリス・ポドルスキー、ネイサン・ローゼンの3人が連名で発表した論文にちなんで「**EPR状態**」と呼ばれているのに対し、3個の量子がもつれた状態は「**GHZ状態**」(ダニエル・グリーンバーガー、マイケル・ホーン、アントン・ツァイリンガーにちなむ)と呼ばれている。

2者間と3者間の物理的な違いは、2者間の量子もつれの場合、2つの光子同士が1本ずつ腕を出し握手をしているようなものであるのに対し、3者間の量子もつれになると、異なる方向に2本の腕が伸びていないと実現することができないことだ。また、2者間の場合、2個の光子同士がもつれているか、もつれていないかという2通りの場合しかない。ところが、3者間の量子もつれになると話は大きく変わってくる。たとえば、A、B、C

3者間の量子テレポーテーションネットワーク実験

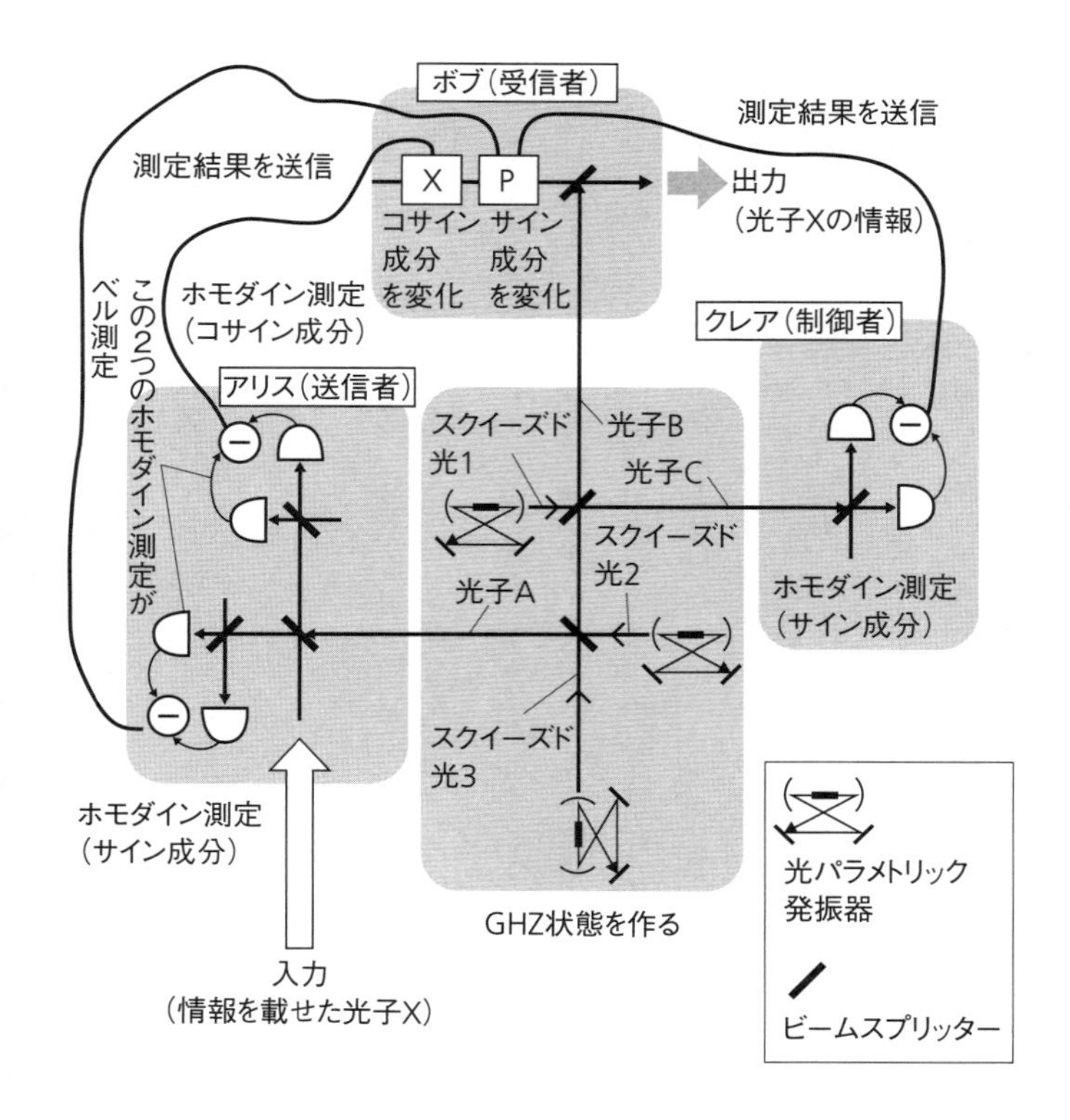

3つのスクイーズド光を2つのビームスプリッターで合波し、GHZ状態（3者間量子もつれ）にある光子A、B、Cを作り、アリス、ボブ、クレアで共有する。
アリスは手元の光子Aと、情報を載せた光子Xとをさらにもつれさせ、ベル測定に相当する2つのホモダイン測定を行い、その測定結果をボブに送信する。
クレアも手元の光子Cをホモダイン測定し、測定結果をボブに送信する。
ボブが、アリスとクレアから送信された測定をもとに、手元にある光子Bを操作すると、入力された光子Xに載せられた情報が、光子Bに乗り移り、出力される。

講談社ブルーバックス『量子テレポーテーション』（古澤 明著　2009年）から作成

という3者だった場合、AとB、AとCはもつれているが、BとCはもつれていないなど量子もつれの状態が一気に複雑化するのだ。

実験成功のポイント

3者間の量子テレポーテーションネットワークの具体的な実験内容は次の通りだ。
まず、送信者・アリス、受信者・ボブ、制御者・クレアという対等な立場の3者がいて、それぞれが量子もつれ状態にある光子A、光子B、光子Cをもっている。アリスは、自分が送りたい情報をもつ光子Xと手元の光子Aをベル測定によりもつれさせる。クレアも、自分のところにある光子Cの情報を測定する。ボブはアリスとクレアの両方から送られてきた測定結果のデータに基づき光子Bを操作して、アリスからの送信情報である光子Xの情報を再生する。

3者間の量子テレポーテーションネットワークに成功できたポイントは、1個の光子を3個に分けるのに相当する操作ができた点にある。

3者間の量子もつれの量子テレポーテーションに成功したことにより、仮に4者間、5

者間と数が増えていったとしても、実現可能であるという自信をもてた。しかし、その分、スクイーズド光を発生させるスクイーザーやビームスプリッターを増やしていく必要があるため、装置がどんどん大きくなっていくことが懸念された。大規模な計算ができる光量子コンピューターを作ろうと思うと、装置自体もどんどん大規模になっていってしまう。

正直言って、そこに将来性はないとも感じていた。

第5章　難題打開への布石

2009年、9者間量子もつれの制御に成功

2009年には、9者間の量子もつれに関する実験を行った。この目的は、量子誤り訂正の実証だった。この実験により、世界で初めて9者間の量子もつれを生成したと同時に、9者間の量子もつれを用いて、量子誤り訂正が可能であるのを示すことにも成功した。

量子誤り訂正とは、すでに説明した通り、入力された量子状態について、何らかのエラーが発生したとしても、そのエラーを量子もつれを用いて訂正し、出力の段階で正しい状態に訂正できていることだ。理論的には、9個の量子ビットのうち、任意の1個でエラーが発生したとしても、9本の光ビームが揃えば復元できることを、1998年にカルテックのブラウンスタイン教授が示していた。

9者間の量子もつれを作るためには、入力光のほか、入力光の誤り訂正を行うための補助入力となるスクイーズド光のビームを同時に8本生成する。そして、ビームスプリッターを使って、生成した8本のスクイーズド光と入力光を適当な位相関係にして合わせることで、合計9者間の量子もつれを生成した。

9本の光の位相を合わせるのは非常に困難だったが、これはもう根気と根性と力技で乗

多者間量子もつれのパターン

EPR状態（2者間量子もつれ）

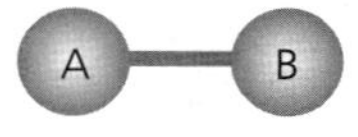

基本となる量子もつれ。1935年にアルベルト・アインシュタイン、ボリス・ポドルスキー、ネイサン・ローゼンの3人が連名で発表した論文にちなむ。彼らが「空間的に離れた2つの量子において、片方への測定の影響が瞬時にもう片方へ及ぶのはおかしい」と主張したことから「EPRパラドックス」と呼ばれたが、後の実験で実証された。

GHZ状態（3者間量子もつれ）

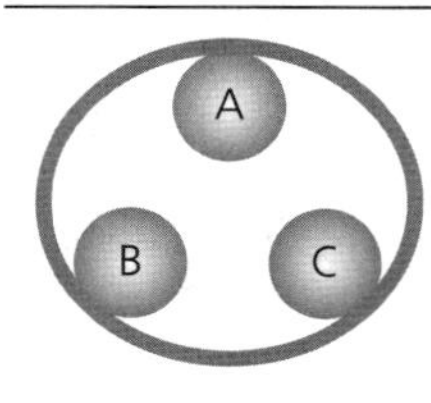

3者間による量子もつれの状態。1989年に、ダニエル・グリーンバーガー、マイケル・ホーン、アントン・ツァイリンガーが提案したことにちなむ。
どの量子も隣同士は量子もつれ状態にはないが、全体の3つの量子で1つの量子もつれ状態になっている。
3者間でもつれていることは、量子ネットワークの最小単位を成り立たせられることを意味する。

著者たちが作った9者間量子もつれ

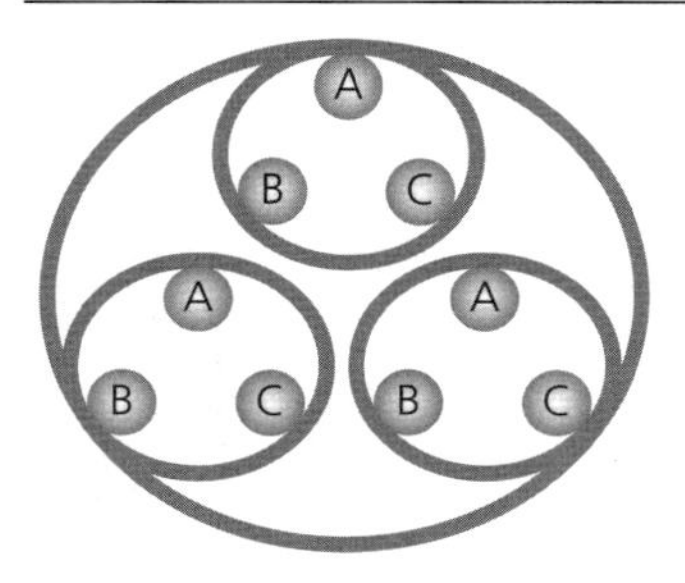

GHZ状態にある3つの量子が、さらにGHZ状態を作っている。2009年の成果である。

講談社ブルーバックス『量子テレポーテーション』（古澤 明著　2009年）から作成

り切った。量子もつれしている量子の数を増やせば増やすほど、すべての光の相対的な位相を、完璧に合わせていかなければならない。調整するパラメーターの数が指数関数的に増えていくため、難易度もまさに指数関数的に増大していくのだ。

位相を合わせるとは、すなわち、非常に精密に光の距離を合わせることに他ならない。使っている光の波長は860ナノメートル（ナノは10億分の1）で、さらにその約100分の1の精度で距離を合わせる必要があった。

光は何もしなければ直進するので、回路を構成するために多数のミラー、およびそれを固定するミラーマウントが必要になる。しかし、ミラーマウントは、肉眼ではわからないが微妙に揺れている。また、風が吹いただけで空気が動くため、光は常にその影響を受ける。それにより光路長は変化してしまうのだ。

そこで、少しでも光路長がずれた場合にはそのエラーを検出する「エラー検知器」を開発した。さらに、検出したエラー信号を基にフィードバック制御をかけて元に戻すことができる電気回路も開発した。

この実験のむずかしさは、皿回しにたとえれば、多少はイメージしていただけるだろうか。皿回しも1枚だけであれば、ある程度練習を積めばできるようになるかもしれない。しかし、同時に回す皿の数が2枚、3枚、4枚……と増えていくとしたらどうだろう。9者間の量子もつれの実験は、まさに9枚の皿を同時に回すようなむずかしさだったのだ。

9枚の皿を同時に回している最中に、「この皿が少し傾いているぞ!」といったことをエラー信号を基にエラー検知器が検知する。すると、電気回路を使って、皿の傾きを正常な状態に戻す。このようなフィードバック制御を行った箇所は50カ所にも及んだ。9者間量子もつれの制御は、光の実験が約4割、電気回路によるフィードバック制御の実験が約6割といったところだったと思う。

日本人だからこそできる実験

振り返れば、2009年当時は、まだ量子コンピューターの世界的な研究開発競争が激化しておらず、自分の好きなように研究を進めることができた牧歌的な時代だった。そうした中、9者間の量子もつれの複雑な実験装置は、科学雑誌『ネイチャー』に写真とともに紹介された。アメリカの物理学者で、レーザー光を用いた精密な分光法の発展に貢献したことで、2005年にノーベル物理学賞を授与されたジョン・ホール教授も、この実物を見て思わず、「クレイジー!」と叫んだくらいだ。他にこのような実験に取り組んでいる研究者は、世界中を見まわしてもどこにもいなかったし、今も現れていない。

そして、このとき、私が思ったのは、「こんなことができるのは、日本人くらいだろう」ということだった。日本人の祖先は、田んぼに糸を引いて1本1本決まった位置に正確に稲を植えていく農耕民族だ。几帳面で手先が器用で根気強い。そのため、こんな田植えをするような強い根気が求められる実験は日本人にしかできないだろうと感じたのである。

一方で、日本人には、堅実過ぎるという欠点がある。1996年にカルテックに留学して最も驚いたことは、アメリカ人のおおらかさや無邪気さだった。日本人の場合、装置を使用する際には、あらかじめマニュアルをきちんと読んで、たとえば「ノブはこれ以上、回してはいけない」と書かれていれば、それを忠実に守ろうとする。ところが、アメリカ人はマニュアルをまったく読まずに、平気で限界の3倍くらいノブを回したりする。それによって、たとえ装置が壊れてしまっても、「壊れちゃったよ!」と笑いながら、楽しそうに実験をしている。野球にたとえれば、日本人がバントで確実に点数を取ろうとするの

「クレイジー!」と叫ばれた2009年の実験装置
中央がジョン・ホール教授。　写真提供:Furusawa Laboratory

に対し、アメリカ人はいつも無邪気にフルスイングしてくるような感じだ。そして、それにより、ときどき大ホームランを打ったりするのである。

日本人は自分で勝手に限界を定めてしまいがちで、言われたことは守ろうとするが、逆にそのせいで小さく収まり過ぎているということである。バントの姿勢から、ホームランを打つことは決してできない。

2011年、シュレーディンガーの猫状態の量子テレポーテーションに成功

２００９年の実験を通して、「力技で

できるのは9者間が限界だ」と痛感した。この実験の成功を機に、大きな方向転換を図る決断を下した。

実は、2005年頃から、多者間量子もつれの限界を見越して、光パルスによる「時間領域多重」の研究開発を開始していた。時間領域多重については、第6章で詳しく説明するが、その最初の実験成果となったのが、2011年に行った「シュレーディンガーの猫状態の量子テレポーテーション」である。この研究開発には約5年間を要した。

第1章で紹介した通り、シュレーディンガーの猫とは、生きた状態と死んだ状態の重ね合わせ状態にある猫が、観測することで初めて、生きているのか死んでいるのかが確定されるというものである。

一方で、原子や光子のようなミクロな世界で現れる重ね合わせ状態が、猫のようなマクロの世界でも起こりうるのか否かということは、物理学者にとって、長年の大きなテーマだった。私たちはこのマクロな世界の重ね合わせ状態のことを「**シュレーディンガーの猫状態**」と呼んでいる。

そもそも1個の光子というのは、量子の世界の話なので、そこで重ね合わせ状態になっ

シュレーディンガーの猫状態の生成

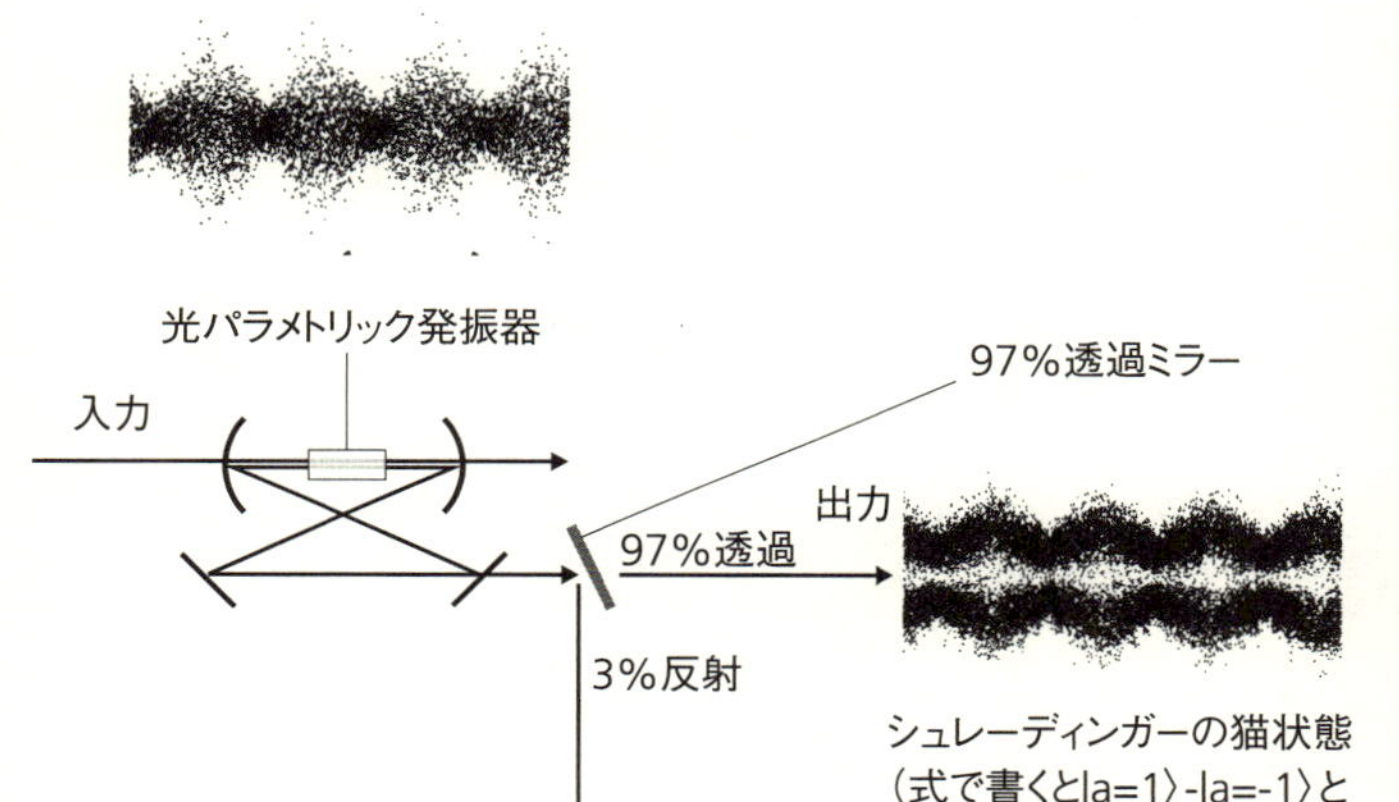

光パラメトリック発振器で4dBのスクイーズド光（偶数個の光子の流れ）を生成。

そのスクイーズド光を97%透過し、3%を反射するミラーに当てると、3%反射する光は光子検出器に向かう。

光子検出器で光子1個が検出されると、光子1個が「引き去られる」。

すると、透過したスクイーズド光はその影響を受けて、奇数個の光子流である「シュレーディンガーの猫状態」が生成される。

スクイーズド光は、光子が0個、2個、4個…という偶数個の光子の流れであり、光子1個が「引き去られる」ことで、光子0個の状態であった確率が消える。出力した光パルスは、位相が反転した2つの波が重ね合わせになっているが、光子0個の確率が消えたため、波動の中央が消えてしまう。


講談社ブルーバックス『「シュレーディンガーの猫」のパラドックスが解けた!』（古澤 明著　2012年）から作成

ていても、シュレーディンガーの猫とは呼ばない。もっとずっと多数の量子があるようなマクロな重ね合わせ状態がシュレーディンガーの猫状態なのだ。

私たちの実験では、猫が「生きている状態」と「死んでいる状態」の重ね合わせを、位相が反転したマクロな光パルスの重ね合わせとして表すことを試みた。まず、光パラメトリック発振器で生成したスクイーズド光から光子を1個「引き去る」操作を行うのだが、そのために光を97％透過させて3％反射させるミラーにスクイーズド光を入射させる。3％反射させるのは原理上の問題で、この条件下で検出器が光子を検出したときは、その光子が1個である確率が非常に高いからだ。

スクイーズド光は偶数個、つまり0個、2個、4個……の光子の流れであり、検出器が光子を1個検出したとなれば、光子0個の状態であった確率を消すことになる。このとき、光子が1個「引き去られた」奇数個の光子の流れは、位相が反転した2つの波として現れ、それらは重ね合わせ状態で同時に存在する。

古典力学で考えれば、位相が反転している波は打ち消し合うため、なくなってしまう。しかし、複数の光子からなるマクロな光の波動でも、重ね合わせ状態が成り立っていれば、互いに反転しているマクロな光パルス同士が打ち消し合わずに、鏡写しのように両方とも残ることになる。また、マクロな領域とはいえ、そこには古典力学では考えられない量子力学的な干渉が生じており、光子1個が「引き去られ」、光子0個の確率が消えたために、反転して重ね合わさった両方の波動の中央が消えた状態になる。

シュレーディンガーの猫状態を量子テレポーテーションできるか

1998年から進めてきた量子テレポーテーションの実験では、光子の振幅と位相を伝送している。では、このシュレーディンガーの猫状態というマクロな光パルスの重ね合わせ状態をこの方法で量子テレポーテーションさせることはできないだろうか。

そこで、量子テレポーテーションの手順に従い、まず量子もつれ状態にある光をアリスとボブに送り、アリスがシュレーディンガーの猫状態にある光パルスと自分がもっているもつれた2つの光の片方をベル測定によりもつれさせ、その測定結果をボブへ送った。それにより、シュレーディンガーの猫状態はアリスがもつ光に乗り移り、さらにボブがもついいもつれた2つの光のもう片方に乗り移っていくことが確認されたのだ。

私たちは、光子というミクロな世界だけでなく、光パルスというマクロな世界でも、量子テレポーテーションが実現可能であるということを世界で初めて実証したのである。

この一連の実験は、基礎科学において、2つの大きな意義をもっている。それは、1935年にシュレーディンガーが疑問を呈したシュレーディンガーの猫のパラドックスと、アインシュタインらが打ち出したEPRパラドックスという、量子力学の黎明期に登場した二大パラドックスに対する解答を、21世紀の技術を使ってテーブルトップで同時に確認したということだ。20世紀前半に提示されたこの2つの思考実験は、当時、高い実験技術がなかったため、実証されることはなかったが、今や我々はそれを実証できる21世紀の技術を手に入れているのである。

実験の成功は、アメリカ、オーストラリア、ロシアなど世界中のテレビによって大々的に報じられた。しかし、発表したのが2011年4月で、日本は東日本大震災の被害と東京電力福島第一原子力発電所の爆発事故のさなかにあったこともあり、それどころではなく、報道されることはなかった。

実は、私にとって、シュレーディンガーの猫状態の量子テレポーテーションは、長年の

シュレーディンガーの猫状態の量子テレポーテーション実験

実験概要

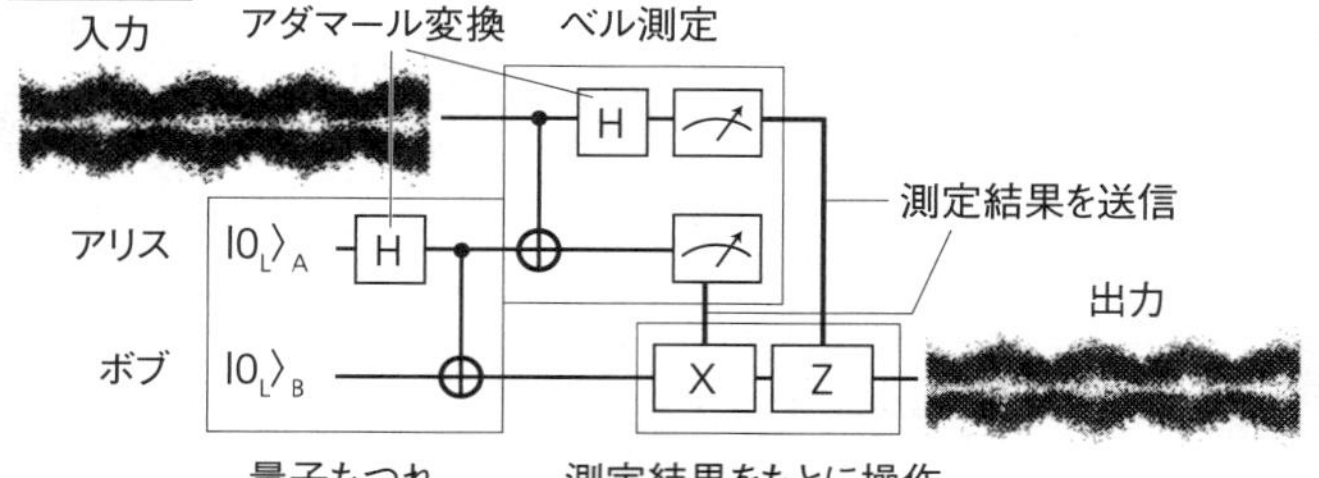

実験では、奇数個の光子の重ね合わせによるシュレーディンガーの猫状態（式で書くと｜α=1⟩－｜α=－1⟩となる）を量子テレポーテーションさせた。

アリスとボブの元にある量子ビット｜0_L⟩$_A$、｜0_L⟩$_B$はスクイーズド状態にあり、光子1個単位の｜0⟩や｜1⟩の状態と区別するために"L"を付けている。

また「H」で表される「アダマール変換」は、1個の量子ビットに対して量子操作を行うものだが、ここではそれほど重要視しなくてもよい。

通常の量子テレポーテーションと同じく、アリスとボブは量子もつれ状態にある光パルスをもっている。

アリスが手元にあるもつれた片方の光パルスと、送信したいシュレーディンガーの猫状態光パルスをベル測定し、その結果をボブに送信する（ボブはその測定結果を基に手元の量子ビットを操作する）。

すると、以下のように、入力したシュレーディンガーの猫状態は、基本的な構造を保持したまま出力された。

実験結果

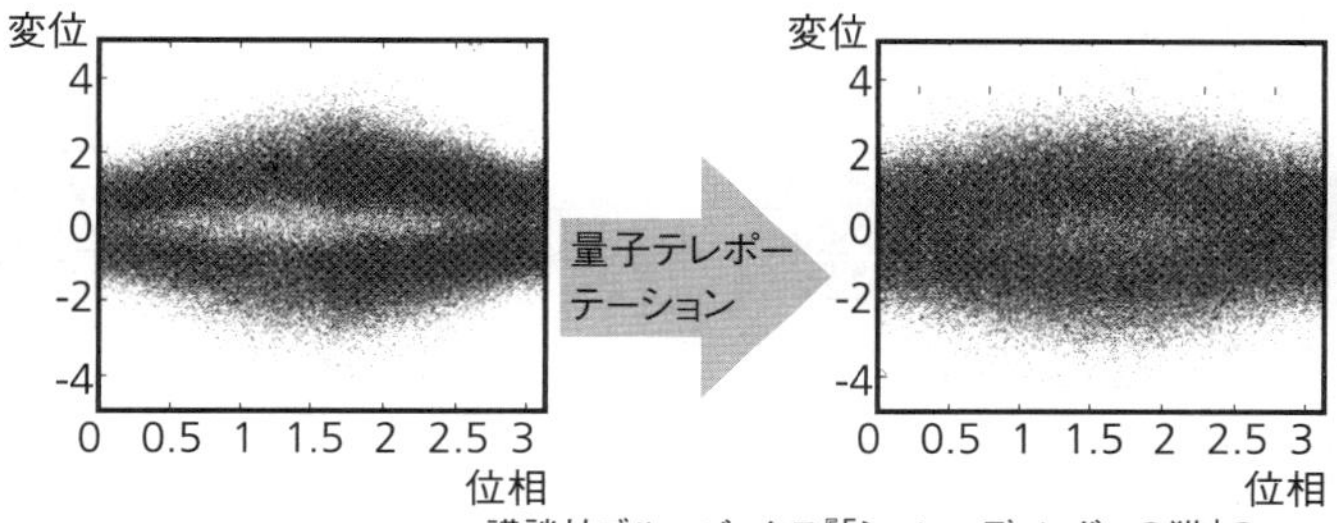

講談社ブルーバックス『「シュレーディンガーの猫」のパラドックスが解けた!』（古澤 明著　2012年）から作成

悲願であった。カルテックに留学していた1998年当時、私はキンブル教授とブラウンスタイン教授が発表した論文の中に、シュレーディンガーの猫状態の量子テレポーテーションに関する理論計算の記述を見つけていた。そのときから、私は「これを実現したらヒーローになれるな」とずっと思い続けていたのだ。そして、その夢を13年間かけて、遂に実現したのである。

重力波の観測にも貢献したスクイーズド光の開発

この実験を成功させるためには、多くの技術開発が不可欠だった。

まず、1つ目は、スクイーズド光のレベル、すなわちスクイージングレベルの向上だ。スクイーズド光はすでにたびたび紹介しているが、偶数個の光子の流れのことで、光パルスを非線形光学結晶に照射すると、2つの光子が量子もつれ状態にあるスクイーズド光に変換される。

スクイージングレベルは、対数に基づくdB（デシベル）という単位で表される。このスクイージングレベルが高くなればなるほど偶数性が高まる。つまり0、2、4というような小さい偶数から、10、12などもっと大きな偶数まで含むようになっていく。逆に、スクイージングレベルが低いとシュレーディンガーの猫状態の量子テレポーテーションを実現することはできない。

実は、1991年に6dBのスクイーズド光が出せることは確認されていたが、それ以来、この数値が更新されることはなかった。「理論上、6dB以上は出せない」という論文すら発表されていたほどだ。しかし、6dB程度ではシュレーディンガーの猫状態を送ることはできないことがわかっていた。1998年に私たちが行った実験でも、4dBのスクイーズド光しか使うことができなかった。

私は長年、スクイージングレベルが上げられない理由について、考え続けていた。そして、スクイージングレベルを上げるための実験をひたすら積み重ね続けたのである。

当時は景気が良かったこともあり、世界中から非線形光学結晶を買い漁った。その頃使われていたのは、ニオブ酸カリウム（$KNbO_3$）という物質でできた非線形光学結晶だった。しかし、どれ1つとして同じ結晶はないため、世界中からニオブ酸カリウムを買い集めた。100個以上は購入しただろうか。約5年間にわたり、実験を繰り返した。しかし、思うような実験結果を得ることはできなかった。

そのような中、私たちは「周期分極反転チタン酸リン酸カリウム（PPKTP; Periodically Polled KTP）」という非線形光学結晶の存在をたまたま知った。PPKTPの「PP」とは、結晶成長させたあとに分極反転という加工を行っているという意味で、新たに開発された非線形光学結晶だった。この非線形光学結晶をスクイージングに使っている人はまだいなかったが、まず、当時私の助手だった現・早稲田大学教授の青木隆朗君が試したところ、よい結果が得られたため、本気で扱ってみることにした。その結果、2006年に、14年ぶりに世界記録を塗り替え、7dBという世界最高レベルのスクイーズド光を出すことに成功したのである。私は2006年2月14日に放送されたNHKの『プロフェッショナル 仕事の流儀』というテレビ番組に出演したのだが、冒頭のシーンが、この実験に成功した瞬間を撮影したものだった。

それまでは、「スクイージングレベルは6dBまでしか上げられない」というのが常識だった。それはある種、「開けてはいけないパンドラの箱」であり、誰もそこにあえて触れようとはしなかった。しかし、私たちが6dBの壁を越えたことで、世界中でスクイージングレベルを競うような流れが起こり始めた。まさに、私たちがパンドラの箱を開けたようなものである。

そのような中、まず、私たちが、２００７年に世界最高記録を更新し、９dBを達成した。さらに、ドイツのグループが10dBまで引き上げた。２００７年までは、私たちが世界最高記録を保持していたが、２０１６年には、私たちと同じＰＰＫＴＰを用いてドイツのグループが15dBを達成した。なお、あくまで噂ではあるものの、現在の世界最高記録は17dBだと聞いている。

このように、理論的には不可能と言われていたことでも、「本当にそうなのだろうか」と疑問をもち、色々試し続けることで道は開けるものなのである。存外、ＰＰＫＴＰを上回る性能を発揮する新たな非線形光学結晶が見つかる可能性もあると私は考えている。

一方で、スクイーズド光のレベルが上がれば上がるほど、光パルス同士の位相をより精密に制御する必要が出てくる。今後、光量子コンピューターの実現に向けて、スクイーズド光のレベルをさらに上げていく必要があるが、それにより、位相の制御の難易度が増す。その制御をどのように実現していくかが大きな課題となっていく。

また、２０１４年には、「20dBのスクイーズド光があれば、エラーフリーになる」という理論も出されている。さらに、２０１８年には、「10dBのスクイーズド光でも、エラーフリーにできる可能性がある」という論文が新たに発表された。これが確かめられれば、光量子コンピューターの実現に向けた大きな一歩となるだろう。

ちなみに、このスクイーズド光は、「アドバンストＬＩＧＯ（ライゴ）（レーザー干渉計重力波観測所）」の重力波干渉計の感度の向上にも使われており、今や重力波の観測にとって必須の技術となっている。アドバンストＬＩＧＯは２０２１年完成予定で、既存のＬＩＧＯの４倍の感度をもつ。

ＬＩＧＯとは、１９１６年に、アインシュタインが存在を提唱した重力波を検出するために、アメリカ国立科学財団（ＮＳＦ）が設立した大規模な実験施設で、アインシュタインの「最後の宿題」と言われていたこの重力波を、２０１５年9月14日に初めて観測したというニュースは記憶に新しい。この実績が称えられ、研究事業の中心人物となったカルテックのキップ・ソーン教授とバリー・バリッシュ教授、マサチューセッツ工科大学（ＭＩＴ）のレイナー・ワイス教授の３名は、２０１７年に「レーザー干渉計ＬＩＧＯを用いた重力波観測への多大なる貢献」でノーベル物理学賞を受賞している。

重力波の測定装置と量子テレポーテーションの測定装置は、いずれも干渉計という点で技術的に共通する部分が多く、またカルテックからＬＩＧＯに参加している研究者の多くは、私の友人だ。そんな重力波観測にも貢献できていることを、私は非常にうれしく思っている。

市販品がなければ自前で開発

さて、シュレーディンガーの猫状態の量子テレポーテーションの実験を成功するために不可欠だった技術の２つ目は、パルス光の情報の伝送技術だった。

シュレーディンガーの猫状態の量子テレポーテーションでは、送信者であるアリスが、情報を載せた光パルスをさまざまな周波数の光の波に分解し、波の電気信号としてボブに送信している。ボブは、その受け取った電気信号を光パルスに変換し、情報を再現している。

おおざっぱに言えば、アリスがもっている最初の光パルスはパルス信号であり、それを連続的なアナログ信号である波に変換して送信し、それを受け取ったボブは、再びパルス信号である光パルスにして、情報を取り出しているといったイメージだ。

この一連の操作がホモダイン測定およびフィードフォワード（フィードバックの逆。結果へ向けての原因の最適化）であり、これを実行するためには、まず、「ホモダインレシーバー」と呼ばれる装置が不可欠だった。ホモダインレシーバーは、光の振幅を正確に測定する装置で、検出器に入ってきた光パルスを電気信号に変換する。

しかし、一般的なホモダインレシーバーは選択できる周波数の帯域が狭く、高周波数成分を送れないという課題を抱えていた。この課題を解決するためには、「トランスインピーダンス・アンプ」と呼ばれる電気回路を自前で開発して、選択できる周波数の帯域を広げ、なおかつ電気信号のひずみを極限まで抑える必要があった。

そこで、この実験を担当していた学生に、当時ニューサウスウェールズ大学にいた、現・オーストラリア国立大学のエラノール・ハンティントン教授の研究室に留学してもらうことにした。その結果、学生が高い技術力と知識を身につけて帰ってきてくれたことで、3年間かかって、ようやく広帯域でひずみがほとんどない電気回路の開発に成功した。

広帯域で動作し、しかも電気信号のひずみをなくすということは、具体的には、信号処理のクロック周波数を上げることに他ならない。実際、1998年の最初の実験での帯域は約30キロヘルツだったが、このときは、10メガ（メガは100万）ヘルツを記録した。現在も帯域のさらなる向上を目指し、開発を続けている。今のところ、400メガヘルツまで達成できているが、最終的には、テラヘルツ（テラは1兆）まで上げていく計画だ。

ところで、ハンティントン教授との出会いは、2006年にさかのぼる。私が招待されてオーストラリアに行った際、色々な研究室を見学して回る中で、直感的に「彼女と共同研究がしたい」と思い、声をかけたのがきっかけだ。

そういった共同研究者は世界中にいる。論文を読んだだけではわからないため、現地に赴き、直接ホワイトボードの前で議論をするようにしている。それにより、良きパートナーを見つけ出すことができる。しかし、議論は実験結果があってこそ深まるものなので、常に実験結果を持ち歩きながら、世界中を行脚している。かのアインシュタインもそうしたように、これが私の研究のスタイルなのである。

一方、私の研究室にも、世界中から大勢の研究者がやってきてくれる。そういった交流がなければ、新たなものは生まれてこない。また、私の研究室の実験技術のレベルの高さを求めて、世界中の理論研究者から実験の協力要請をいただく。面白そうだと思ったら、できる限り協力するように心がけている。その中で、新たな理論も構築しているし、面白い理論研究を見つけ出すこともできる。研究者を招待し、1カ月程度、滞在していただき、議論するといったことも行っている。

「クレイジー」なベンチャー企業の社長との共同開発

さらに、このシュレーディンガーの猫状態の量子テレポーテーションの実験に大きな貢献を果たしたものに、「ミラーマウント」と呼ばれる装置がある。ミラーマウントは、埼玉県所沢市にあるベンチャー企業ファーストメカニカルデザイン（FMD）との共同開発によるものだ。FMDの野口康博社長の「クレイジー」さが気に入り、2006年から共同開発を行っている。

きっかけは、同年に私がNHKの『プロフェッショナル 仕事の流儀』に出演したことだった。ミラーマウントを独自に開発している野口社長が、この番組を観て、「高性能な

ファーストメカニカルデザイン社の実験室
奥の実験台（光学定盤）の床下は、自宅の一室を約1メートルも掘って補強している。
写真提供：FMD（First Mechanical Design）

ミラーマウントを作ったので、是非使ってほしい」と私に連絡してきたのだ。

それに対し、私は「高性能と言われてもわからないので、性能を数値で示してほしい」と返答し、実験で求められる性能を示した。実はこの言葉の裏には「自分が提示した数値を測定できるメーカーは世界中探しても存在しないので、まあ無理だろう」という気持ちがあった。半ばお断りするつもりで言った言葉だったのである。

ところが、驚くべきことに、約3カ月後、野口社長が「測定用の光学実験室を作ってしまいました」と言いながら私の研究室にやってきたのである。「あれ？　断ったつもりだったのに」と思いながら、野口社長の訪問を受け入れ、話を聞いて度肝を抜かされた。自宅の床下の土を1メートルほど掘り、コンクリートで固めて土台を安定させ、その上に光学定盤（水平な台）を置いて実験室を作ってしまったというのである。普通、自宅の床下を1メートルも掘るなどということは考えられない。「こんなクレイジーな人は見たことがない」と思うと同時に、その根性と熱意に私は大きな感銘を受けた。

実は、それまでは、アメリカ国立標準技術研究所（NIST）からスピンアウトした企業が高性能なミラーマウントを製造しており、私もそこからこの装置を調達していた。リーさんという方が作っていたので、「リース・マウント」と呼ばれていた。しかし、高齢になったリーさんは仕事をリタイアし、製造技術をドイツの企業に売却してしまった。ところが、その企業には、リース・マウントのような高性能なミラーマウントを製造することができず、困っていたところだったのだ。そんなところに野口社長が現れたことは、今思えば、非常に不思議な巡り合わせであった。

要求は世界最高水準

ミラーマウント
世界最高水準の精度を誇る、光学実験の要。中央の穴の部分に、必要に応じたミラーをセットする。　写真提供：FMD（First Mechanical Design）

野口社長との共同開発は、最初からうまくいったわけではなかった。私の研究室では、干渉計を使って、２本の光ビームを干渉させて量子もつれを生成しているが、１００％に限りなく近い効率で干渉させる必要がある。ところが、時間の経過とともにミラーマウントのミラーの角度が少しずつずれてきてしまうため、たとえリース・マウントであってもセッティングが数時間しかもたないのが現状だった。

それに対し、最初、野口社長には、4個のミラーマウントで、1週間もたせることを要求した。その後、実験のレベルが上がったのに伴い、今度は、30個のミラーマウントで、

1週間もたせることを要求した。このように、新たな実験のたびに要求レベルはどんどん上がっていった。ちなみに、ミラーマウントを用いることで光回路を構成しているわけであるが、ミラーマウントの個数が増えているのは、より複雑なセットアップが必要になったためである。

通常、ミラーマウント開発のための実験は1～2週間に1回の頻度で行うのだが、実験のたびに、野口社長は新たな試作品を開発してきてくれたのだ。そういったことを10カ月間ほど繰り返した結果、真に理想とするミラーマウントが完成し、実験を成功に導くことができたのである。

そして、今や我々の実験装置に、野口社長と共同開発したミラーマウントは欠かせないものとなっている。このミラーマウントがなければ、私たちの実験はここまで順調に進んでいなかっただろう。現在は、特許も取得し、FMDでは販売も行っている。

実は、ミラーマウントを動かすネジ1本にも神経を使っている。ミラーの角度が時間の経過とともにずれていかないようにするには、滅多なことでは調整ネジが動かないことが必須だ。しかし、当然のことながら、ネジのオスとメスとの間に、ある程度の隙間がない

光ファイバー・アライナー
世界最高性能となる位置決め精度で、入光率98%を誇る。
写真提供：FMD（First Mechanical Design）

と、ネジを回すことはできない。だが、その隙間があることでミラーの角度がずれてしまう。このような二律背反の条件をクリアするため、私たちと野口社長は、「回せるがしっかりと固定できるネジ」の技術を開発した。それにより、求める性能を達成することができたのである。

さらにもう1つ、野口社長と共同開発したものに、光ファイバーのアライナー（位置決め装置）がある。

現在、光源としてレーザー光線を使っているが、第6章で紹介する「時間領域多重」などでは、光の位相をパルス1つ分だけ遅らせて、他の光と同期させる操作が必要となる。

そうしたときは、光路の途中に相応の長さの光ファイバーを介して、パルス1つ分だけ位相が遅れるよう、光が飛ぶ距離をかせげばいい。ところが、レーザー光を光ファイバー内に導入する市販の装置の性能が低いという問題があった。入射させた光のうち、80％程度しか光ファイバーの中に入っていかないのだ。

光ファイバーにレーザー光を入れる際、最も重要なことは光ファイバーとレーザー光の光線の軸が完全に合っていることであり、そうなっていれば、光ファイバーの中に光を100％近く入れることができる。そのためには、回転する「球体」の中心に光ファイバーの先端（入射ポイント）が来るようでなければならない。ところが、一般的なアライナーを調べてみると、光ファイバーの先端が回転の中心にないため、回転させると光ファイバーの軸がずれて、レーザー光の軸と合わなくなってしまい、光の一部が損失していることが判明したのである。

そこで、私は野口社長と共同で、光ファイバーの軸と光線の軸が完全に一致するような精密な治具(じぐ)を開発したのである。単純な発想であり、今となっては、なぜ、今まで誰も考案しなかったのかが不思議なくらいだ。

そして、これにより、入光率は98％を達成した。野口社長は、「技能オリンピックで金メダルをとった人に作ってもらっているので、図面を見せても他人には真似できない」と豪語する。もちろん特許も取得した。現在、ＦＭＤでは、このアライナーも市販しており、世界中で売れている。

そして、このアライナーの開発によって実現したのが、第6章で紹介する、２０１３年に実験に成功した1万の光パルスの量子もつれである。

このように、世界初の実験を成功させるためには、世界最高水準の機器や装置が不可欠だ。実際、私たちの実験はすでに市販品では追い付かないレベルに達している。極限までチューニングしなければならないため、実験装置の中に、たとえネジ1本といえども、ブラックボックスがあってはならないのである。そのため、実験に必要な技術は自分たちで開発する以外に道はなく、実験装置はほとんどすべてが最先端の性能をもつうえ、自作のオリジナルだ。私たちは実験装置のすべてを知り尽くしている。逆に、そこまでしなければ、最先端の成果を上げることはできない。だからこそ、私たちには誰にも負けない自信がある。

結局、私たちの研究は、地道な機器や装置の開発の積み重ねが中心であり、それが実験の成功を支えている。他人が簡単には真似できないようなものを1つずつ地道に作っていくことが、世界のトップを走り続けるための秘訣といえるだろう。

第6章　実現へのカウントダウン

時間領域多重を拡張する

光パルスの量子情報を扱うためには、スクイーズド光のレベルを向上させることと広帯域電気信号のひずみをなくすことが必須条件であった。そして、光の領域と電気信号の領域の両方で技術開発を果たせたことがブレイクスルーとなり、2011年、私たちはシュレーディンガーの猫状態の量子テレポーテーションを成功させたわけだ。

この成功により、私たちは2006年に研究開発に着手した「**時間領域多重方式**」の実現を確信した。そして偶然にもその年に発表されたニコラス・メニクーチ博士（現・メルボルン工科大学在籍）の「**時間領域多重一方向量子計算方式**」と組み合わせれば、最強の量子コンピューターを実現できることに気付いた。このあたりの事情はあとで詳しく述べる。

ここでは、時間領域多重一方向量子計算方式とは何かについて説明していこう。

IBMやグーグルが、静止量子ビットの量子回路を使って論理演算を行っているのに対し、現在、私たちが研究開発を進めている光量子コンピューターは、飛行量子ビットを使っている。したがって、装置全体が量子回路のような役割を果たしている。むずかしい言い方になるが、これを「一方向量子計算方式」、より一般的には「**測定誘起型量子計算方**

式」と呼んでいる。測定誘起型量子計算方式とは、光パルスを測定し、その測定結果に基づき、量子もつれ状態にある次の光パルスに操作を加えるという意味だ。一方向量子計算方式の理論を構築したのは、ドイツの物理学者ハンス・ブリーゲル教授と、当時はその学生であったロバート・ラウシェンドルフ教授だったが、それを時間領域に拡張した理論を作ったのがメニクーチ博士で、実現したのが私の研究室である。

静止量子ビットに使われる原子やイオンとは異なり、光子はまさに光の速さで飛んでいる。そのため、長年、光子は量子ビットとしては扱いづらいものとされていた。大規模な量子計算を実行するには、大量のビームスプリッターやミラーマウントなどの光学部品を使って、回路を組み立てる必要があると考えられたからだ。しかも、光学部品を使った回路では、あるプログラムを実行するために組んだ回路は、そのプログラムにしか使えない。他のプログラムを実行しようと思うと、ビームスプリッターやミラーマウントの配置を一から組み直さなければならない。その結果、「光子を使って量子コンピューターなんて作れるはずがない」と言われ続けたのだ。

しかし、一方で、静止量子ビットを使った量子コンピューターも大きな課題を抱えている。まず、計算の規模が大きくなればなるほど、大量の量子ビットが必要となってくるため、装置の大規模化が避けられない。また、仮に100個の量子ビットを用意できたとしても、それらを量子もつれの状態にさせるのも、量子もつれの状態を維持するのも非常にむずかしい。

それに対し、私たちは、光量子コンピューターにおいて、光が飛んでいることをむしろ逆手に取り、光パルスをどんどん量子もつれ状態にさせていくという方式を編み出した。つまり、時間の経過とともに、光パルスが飛んでいく方向に向かって、量子ビットが次々と連続的にもつれるようにしたのである。その結果、量子コンピューターの規模を一定に保ったまま、量子ビット数を無限に増やせるようになったのだ。これが「時間領域多重」だ。量子ビットを空間的に並べる代わりに、パルスとして時間的に並べるという発想の転換である。この方法を最初に成功させたのが、2013年に行った1万の光パルスの量子もつれ生成実験である。

時間領域多重とは私たちが命名したもので、この方法の確立が大きなブレイクスルーとなり、拡張性が生まれた。今後、大きなゲームチェンジが起きると予想している。

量子テレポーテーション回路

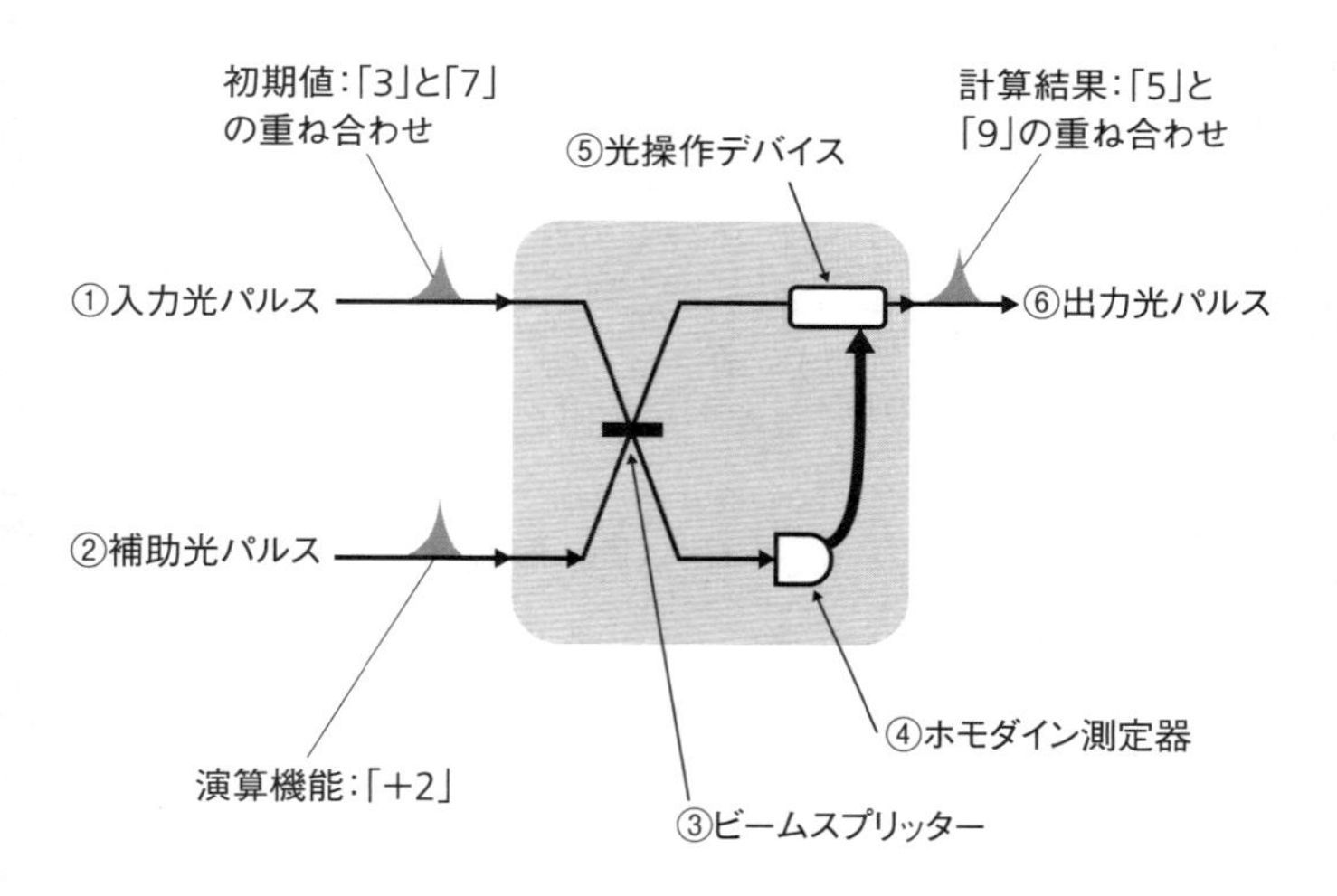

ビームスプリッターを通過後の2つの光はもつれており、片方の測定の影響がもう片方に及ぶ。これにより、情報通信を行うのが量子テレポーテーションである。

まず、初期値となる入力光パルス①と、演算機能をもたせた補助光パルス②を準備する。

入力光パルスには複数の重ね合わせ状態の値をもたせることができ、たとえば「3」と「7」という値の重ね合わせを入力し、補助光パルスには「+2」という値をもたせる。なお、それぞれの値は光パルスの振幅などで表現できる。

2つの光パルスは、ビームスプリッター③を通過することで、量子もつれの状態になる。2つの光パルスは混ぜ合わされ、それぞれの値はわからなくなるが、両者を合わせた値は必ず「5」と「9」の重ね合わせになるというルールが生じる。

光パルスの一方をホモダイン測定器④で測定し、その結果に応じて光操作デバイス⑤によって、もう一方の光パルスの状態を変化させることで、計算結果の情報をもった出力光パルス⑥を得る。

こうした量子テレポーテーション回路1ブロックは、+、−、×、÷といった基本計算1ステップ分に相当し、入力光パルスにどのような計算を施して出力するかは、補助光パルスの種類などにより決められる。

資料提供：Furusawa Laboratory

このように、２００９年までのスクイーズド光の数を増やし、量子もつれした光子の数を増やしていくような方式をやめて、光パルスを採用した最大の理由は、装置の大規模化を防ぎ、拡張性を確保するためだったわけだ。

しかし、この考え方にすぐに転換できたわけではない。さまざまな人と議論する中で、「やはり、パルスにして時間領域多重に移行しなければ、将来はない」と悟ったのである。

この光パルスを連続的に使っていけば、光学部品を大量に並べることによる装置の巨大化を避けられるのではないかというアイデア自体は、元々２０１１年、当時オーストラリアのシドニー大学に在籍していたニコラス・メニクーチ博士が発案したものだった。しかし、光パルスの情報をうまく扱うためには、光の領域でも、電気信号の領域でも、伝送路でのひずみをなくさなければならないという大きな課題があった。それに対し、私たちは、第5章で述べたように、２０１１年に成功させたシュレーディンガーの猫状態の量子テレポーテーション実験で、ハンティントン教授とともに、スクイーズド光のレベルアップと、広帯域でひずみがほとんどない光パルス制御のための電気回路の開発に成功していた。そのため、メニクーチ博士の理論を見たとき、私は即座にこれを実現できると強く確信したのである。

しかし、課題がさらにもう1つあった。光パルスを使い、時間領域多重で多者間の量子もつれを作ろうとしたときに、それができているのかできていないのか、つまり、成否を判定するための方法の開発が不可欠だったのだ。だが、その点においても、私たちは、非常にラッキーなことに、2004年に発表した3者間の量子テレポーテーションネットワークの実験で、ヴァンルック教授とともに「ヴァンルック－古澤の判定条件」を確立し、多者間の量子もつれを判定する方法をすでにもっていたのである。

私たちは多者間量子もつれを時間領域で作る方法を実証したのと同時に、偶然なのか先見の明があったのか、すでに何年も前に、多者間の量子もつれができているかどうかを判定する方法を考え出していたわけである。

時間領域多重の実現に挑む

実験にあたっては、まず2台のスクイーザーから発せられる2つの光パルスを使って、2者間の量子もつれを2つ作った。そして、一方の光路にだけ光ファイバーのループを挿入することで延長し、パルス1つ分だけ遅らせて、再度、ビームスプリッターを使って干渉させる。たったこれだけの操作で、量子干渉という量子特有の効果により、量子もつれを次々と生成させていくことができるのだ。光パルスを順々に量子もつれさせていくだけなので、スクイーザーもビームスプリッターも増やす必要がない。

2013年には、それを、1万量子ビットに相当する1万パルスまで増やすことに成功した。この成功には、大きな1つの山を越えたという安堵感があった。これにより、今後、時代が大きく変わると確信できたのである。

実際、基本原理を確立したことで、2016年にはさらに100万パルスを達成した。この実験を100万パルスまでで止めたのは、単に、測定結果を保存しておくメモリーがいっぱいになったからであり、実際にはいくらでも増やすことができる。

一方、この実験で最も苦労した点は、やはり、スクイーズド光同士の干渉のタイミングの調整だった。実験装置では、ビームスプリッターやミラーマウントを使って、光の回路を構築しているわけだが、この光の回路を構築するうえで最も大変なことは、異なった経路を通ってきたスクイーズド光同士を同時刻に干渉させることだ。多くのビームスプリッターやミラーマウントを配置しているのは、干渉のタイミングを調整するためなのだ。目指す精度は1マイクロメートル以下である。

光路の長さは、物理的な長さ×屈折率で決まる。そこに音や風などの振動が入ってしまうだけで、屈折率にムラが生じてしまう。そのため、光学定盤には蓋をつけて密閉し、空気の振動が可能な限り伝わらないようにしている。さらに、実験室のある建物自体も厳密には揺れているので、そういった外乱を可能な限り排除するため、光学定盤はエアサスペンションで宙に浮かせてある。

それでも、どうしても干渉のタイミングにずれが生じてしまう。そこで、さらに光路の長さを常にモニタリングし、素子を使って電気的に制御するような操作も行っている。

とはいえ、実験技術という点では、実は、私たちがこれまで行ってきた9者間の量子もつれなどに比べれば、はるかに易しいと言える実験だった。逆に、単にむずかしいことをやることが、進歩ではないということを改めて思い知った。アイデアが極めて斬新であれば、簡単な実験でも、ものすごい成果が上げられるのだと実感したのだ。大きなパラダイムシフトであったことは事実だが、実験家としては「こんなに簡単にできてしまってよい

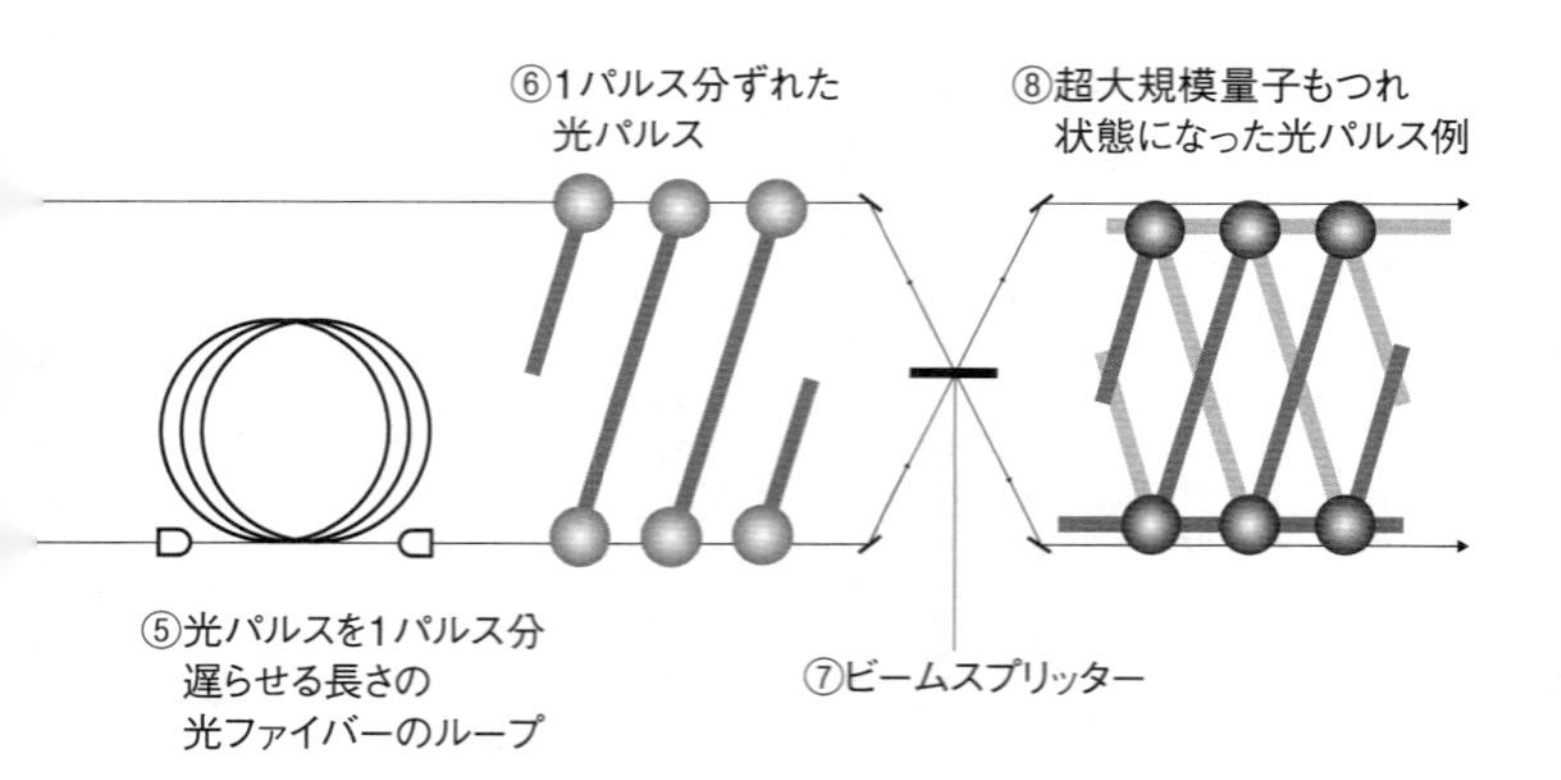

2つの光路の一方に光ファイバーを介して距離を延ばす⑤ことで、片側の光パルスは1パルス分遅れることになる⑥。
2本のスクイーズド光を1パルス分ずれたまま、再度ビームスプリッターに入射⑦すると、このとき同時に入射した光パルスがさらに量子もつれ状態となり、鎖状の大規模な量子もつれ状態（クラスター状態）が作りだされる⑧。

資料提供：Furusawa Laboratory

時間領域多重の例

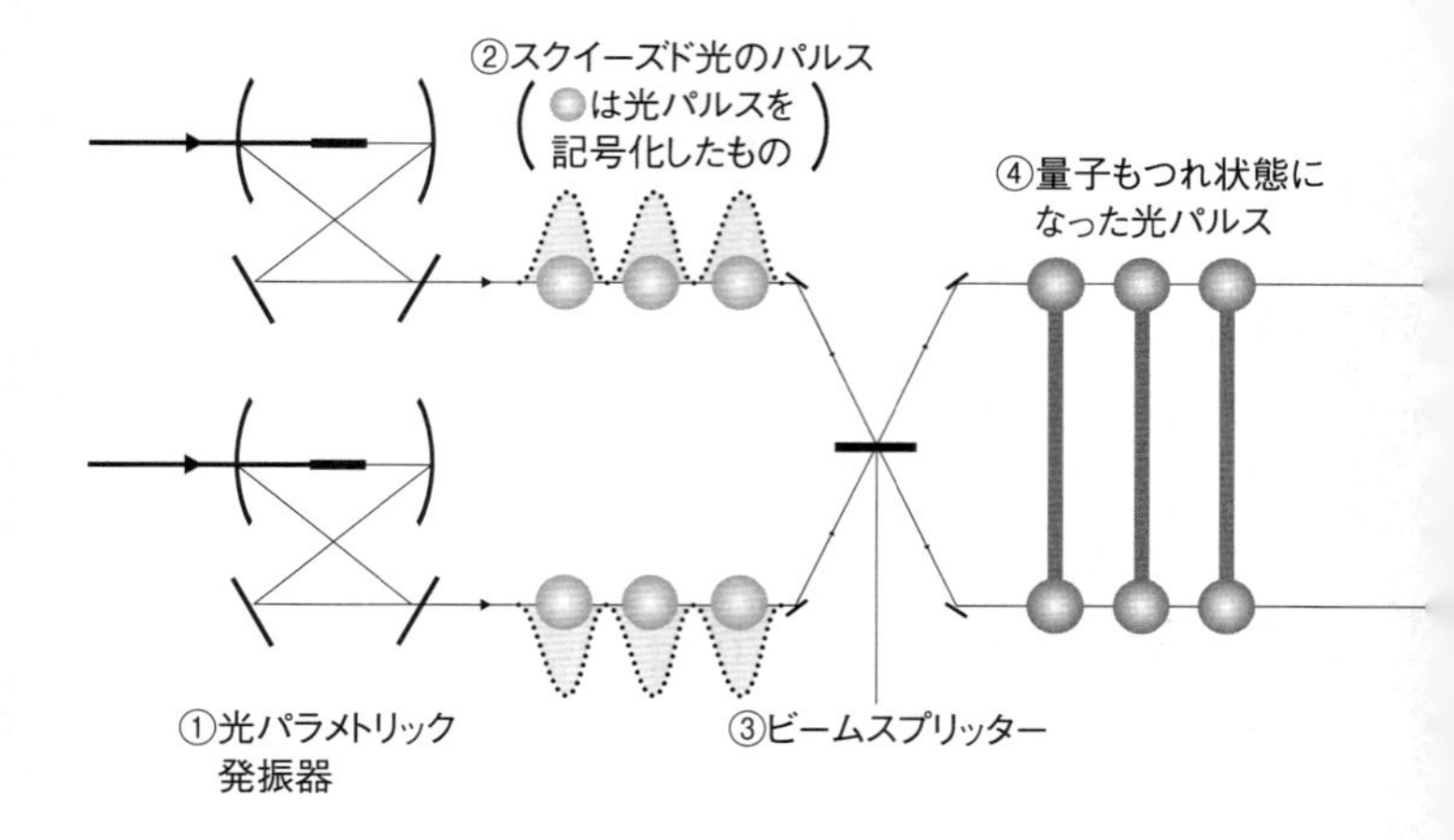

2台の光パラメトリック発振器①から、2つのスクイーズド光のパルスを連続発生させ、2本の光路に進ませる②。
2本のスクイーズド光パルスはビームスプリッター③を通過することで、同時に入射・出射した光パルスが量子もつれ状態になる④。

のかな」という後ろめたい気持ちはあったし、今でもその気持ちはぬぐい切れていない。しかし、大規模な量子コンピューターを実現するには、複雑なものよりもシンプルなものでできなければならないわけであり、実用化に向かって大きく前進したといえるだろう。

光で1万倍の高速性能も実現可能に

また、2011年当時、光パルスのパルス幅は100ナノ秒程度だったが、最近では、10ナノ秒まで性能が向上している。パルス幅の逆数、つまり、分子と分母が逆転した数がクロック周波数に相当するので、パルス幅が100ナノ秒の場合、10メガヘルツのクロック周波数の量子コンピューターが動作することになり、またパルス幅10ナノ秒の場合、100メガヘルツのクロック周波数の量子コンピューターが動作することになる。

クロック周波数を上げるには、スクイーザーである光パラメトリック発振器の小型化を図る必要があった。現在、10ナノ秒を実現できているのは、光パラメトリック発振器を、最初の頃に比べて約10分の1の大きさにまで小型化できたためだ。

それにとどまらず、私たちは、1ギガヘルツ（ギガは10億）のクロック周波数を目指し

時間領域多重の実験装置　写真提供：Furusawa Laboratory

ている。最終目標は、主要な箇所に電気回路を使わないオール光・量子コンピューターであり、すべて光にすることで、クロック周波数10テラヘルツ（テラは1兆）を実現できると考えている。これは、電子を量子ビットに使う方式の量子コンピューターと比べて1万倍の高速性能だ。光を使うことで、クロック周波数を一気にテラヘルツのレベルまで引き上げることができるのだ。

通信の歴史を振り返ってみると、以前はケーブルを使って電話をしていた時代があったが、昨今ではより高速な光ファイバーに置き換わり、インターネットもさらに高速で利用できるようになった。その理由は、光を使うことで周波数帯域を上げることができたからにほかならない。無線通信の場合、周波数帯域は10ギガヘルツ程度なのに対し、光通信の場合ではおよそ10テラヘルツもあり、約1000倍もの速さとなるので、文字通り桁違いに大きい。そう考えると、通信が電気から光に変わったのと同じように、コンピューターも電子から光子に変わるのが自然な流れであることが理解できるだろう。

時間領域多重一方向量子計算方式を用いた光量子コンピューター

次に、光量子コンピューターによる量子計算方法について説明していこう。

私たちが開発を進める光量子コンピューターでは、先ほどから紹介している時間領域多重一方向量子計算方式を使う。そもそも量子計算とは、あらかじめ答えとなり得るあらゆる状態の重ね合わせを量子コンピューター内で生成し、量子力学的な干渉や測定による波束の収縮を用いて答えを浮かび上がらせることをいう。その中で、光量子コンピューターにおける量子計算を、わざわざ一方向量子計算と呼んでいるのは、量子計算に不可欠な量子ビットの測定が一方向、つまり、不可逆だからだ。

具体的には、多数の量子の大規模な量子もつれ状態を用意し、その一部を測定する。すると、もつれている他の量子に測定の影響が及んで状態が変化する。これが量子テレポーテーションであり、この測定による状態変化、すなわち量子テレポーテーションを繰り返すことで計算を実行する。

重ね合わせ状態にある量子ビットが2次元の格子状に並んで、それらが縦・横に隣り合う量子同士がすべてもつれている状態を「**クラスター状態**」という。たとえば、2量子ビットを入力するのであれば、格子状の左端の列に並ぶ量子ビットの2つを量子計算の入力状態にし、測定を行う。すると、隣接している量子ビット同士はもつれているので、入力状態にした量子ビットを測定すると、瞬時に隣接している量子ビットに影響が及ぶことになる。測定結果は「0」か「1」かがランダムに出てきてしまうが、そのランダム性を抑えるために、測定結果に応じて「0」の場合は何もしない、「1」の場合は隣接している量子ビットを反転させるといった操作を行いながら、右方向、あるいは上下方向に隣接する量子ビットに量子テレポーテーションを繰り返していくことで、自分が狙った計算の答えを浮かび上がらせるのだ。

さらに、測定方法を変えることは別の演算をすることと同じなので、測定方法のパターンを変えるだけで別の計算ができるようになる。つまり、同じクラスター状態を用いて、どんな計算もできるようになるということだ。クラスター状態はハードウェアということができ、一方、測定パターンはあとから変更できるため、ソフトウェアということができる。したがって、時間領域多重一方向量子計算方式は、プログラミングが可能だということになる。時間領域多重一方向量子計算を用いることで、これまで抱えていた、計算規模の拡大とともに装置が大規模化してしまう問題と、プログラミングをどのように行うかという問題の2つが一気に解決するのである。

また、光パルスの場合、振幅と位相はいずれも連続的に値が変化していく。そのため、0と1だけでなく、大きな数も表現できるようになる。これは1つの光子だけでなく、多数の光子を使えるということを意味する。1つの光パルスには多数の光子が含まれるので、光子1個ずつを量子ビットとすれば、多数の物理量子ビットで1つの論理ビットを構成できることになる。本来であれば、多数の物理量子ビットを用いて論理量子ビットを構成する場合、それは大規模量子もつれ状態になるため、保持するのが非常にむずかしい。だが、1つの光パルスであれば、保持するのは圧倒的に容易になる。したがって、光パルスの振幅と位相に論理量子ビットをコードすることは極めて強力な方法となっている。これを「連続量処理」という。

連続量処理の強み

従来の古典コンピューターでは、「0」と「1」の2値（1ビット）が記録や計算処理の最小単位であり、この2値を記録するサイズを微細化していくことで大容量化を成し遂げてきた。しかし、微細化もすでに限界に達しつつある状況だ。そこで、1つの記録スペースに2値ではなく、「0」「1」「2」「3」の4値（2ビット）、あるいは「0」〜「7」までの8値（3ビット）など、より多くの値を書き込むことができれば、その記録容量は2倍、4倍……と増やしていけるのではないかと考えられ、研究が進んでいる。こうした方式は「**多値記録・処理**」と呼ばれており、すでに1セルに16値（4ビット）を書き込めるQLC（Quad Level Cell）フラッシュメモリーが市販されている。

多値記録・処理はまだ新しい技術で、より耐久性を高める必要があるなど、課題もあるのだが、古典コンピューターにおける次世代の大容量メモリー技術だと言えよう。

一方、量子コンピューターで扱う連続量処理では、光パルスの振幅と位相に高い自由度で量子ビットをコードできることから、多値記録・処理の値をさらに大幅に拡大したものに相当すると考えることができるのだ。

さらに時間領域多重一方向量子計算において連続量処理を行うことは、誤り訂正を実現するうえでも非常に優位性が高い。誤り訂正を行うには、多数の物理量子ビットを使って、1個の論理量子ビットを構成する必要があるということはすでに話した通りだ。たとえば、ショアの誤り訂正を実行するには、9個の物理量子ビットで1個の論理量子ビットを構成する必要がある。連続量処理であれば、用いる光の振幅には制限がなく、多数の光子を1パルスとして処理することができる。このことは、実質的に大規模もつれである論理量子ビットを1パルスに詰め込むことを意味するのだ。

現在のところ、20・5dBのスクイーズド光で誤り訂正ができることが理論的に証明されているが、量子誤り訂正の進歩は非常に速く、近いうちに、10dBでも誤り訂正ができるようになると期待されている。

以上のことから、時間領域多重一方向量子計算を用いた光量子コンピューターの特徴をまとめると、①室温でも量子ビットとして存在でき、②量子計算も可能なうえ、③飛行量子ビットをそのまま量子通信に使えるようになることが挙げられる。また、光パルスの場合、次々と流れていくため、④大量の量子ビットを扱うことができる。したがって、⑤限られたスペースで、大規模化が可能となる。さらに、光パルスは光速で移動しており、すぐに測定してしまうため、デコヒーレンスまでの時間を気にすることなく、⑥無制限に量子計算を続けることができる。しかも、⑦プログラミングも可能だ。さらに、光を使っているので、⑧量子コンピューターのクロック周波数を10テラヘルツ以上にできるうえ、⑨誤り訂正も可能である。

2次元での超大規模量子もつれ

この方法でのクラスター状態は鎖状であるが、より複雑な2次元に拡張することも可能だ（P.166〜167の図参照）。そこで私たちは、鎖と鎖をさらにもつれさせるような「2次元大規模連続量クラスター状態」の生成と、それを用いた、超大規模時間領域多重一方向量子計算の研究も進めている。

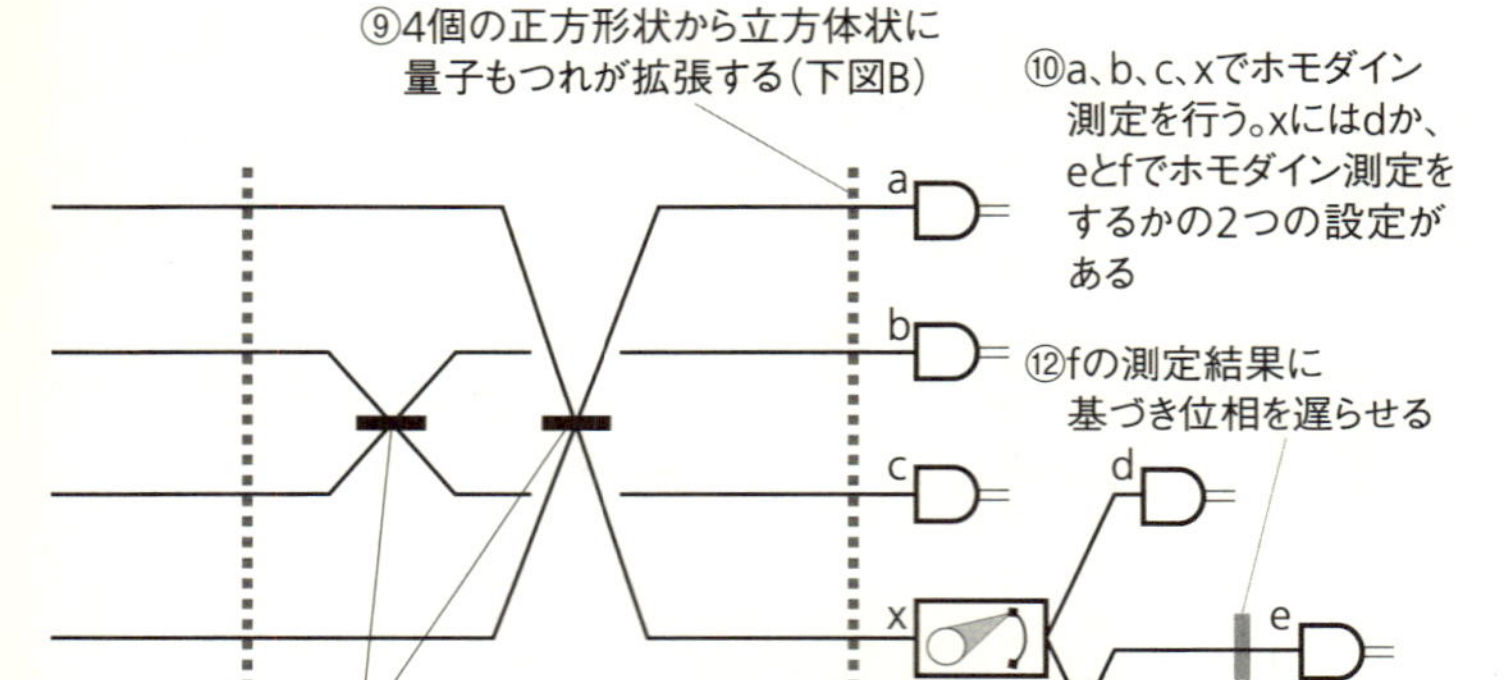

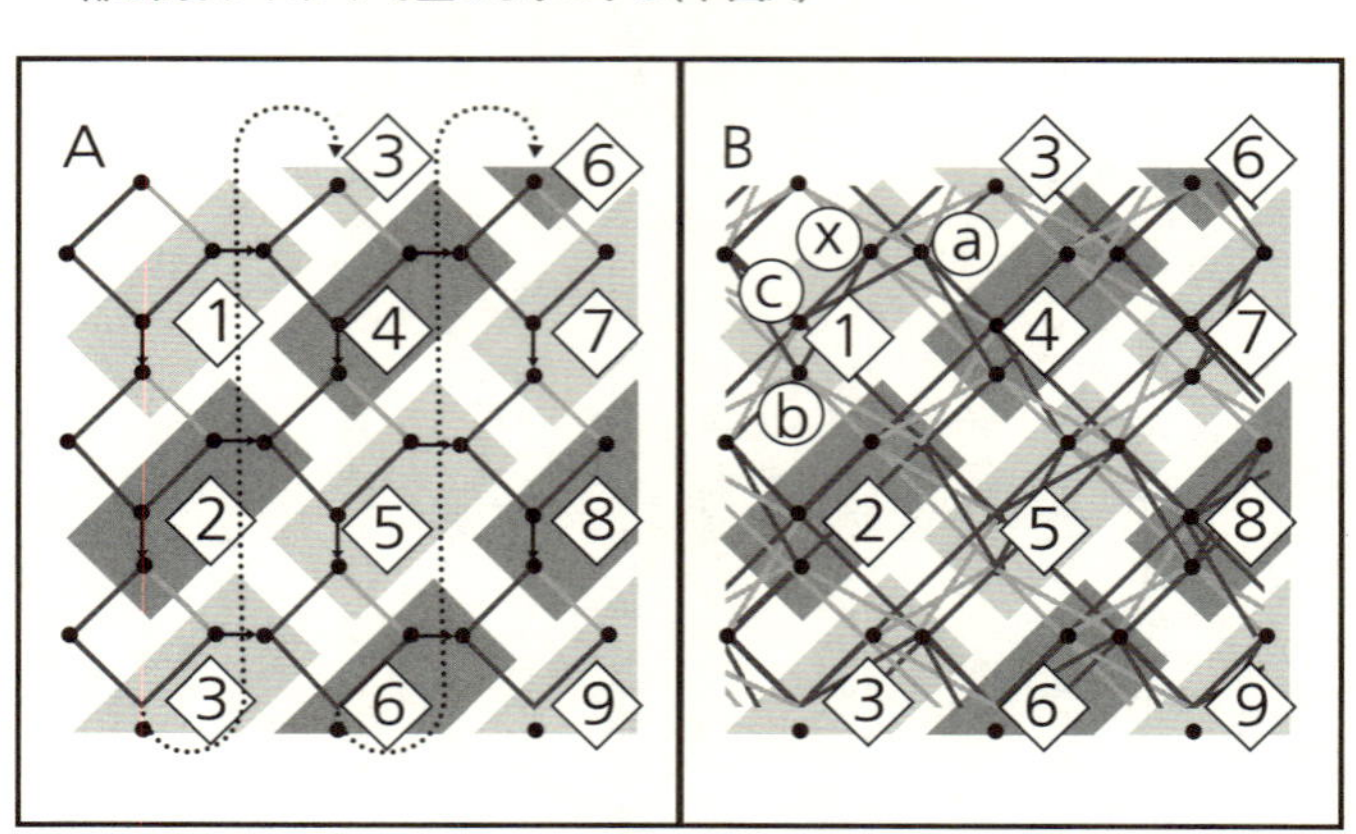

Rafael N. Alexander, Shota Yokoyama, Akira Furusawa, and Nicolas C. Menicucci, "Universal quantum computation with temporal-mode bilayer square lattices" PHYSICAL REVIEW A97, 032302 (2018) から一部改変して作成

超大規模2次元量子もつれによる光量子コンピューター

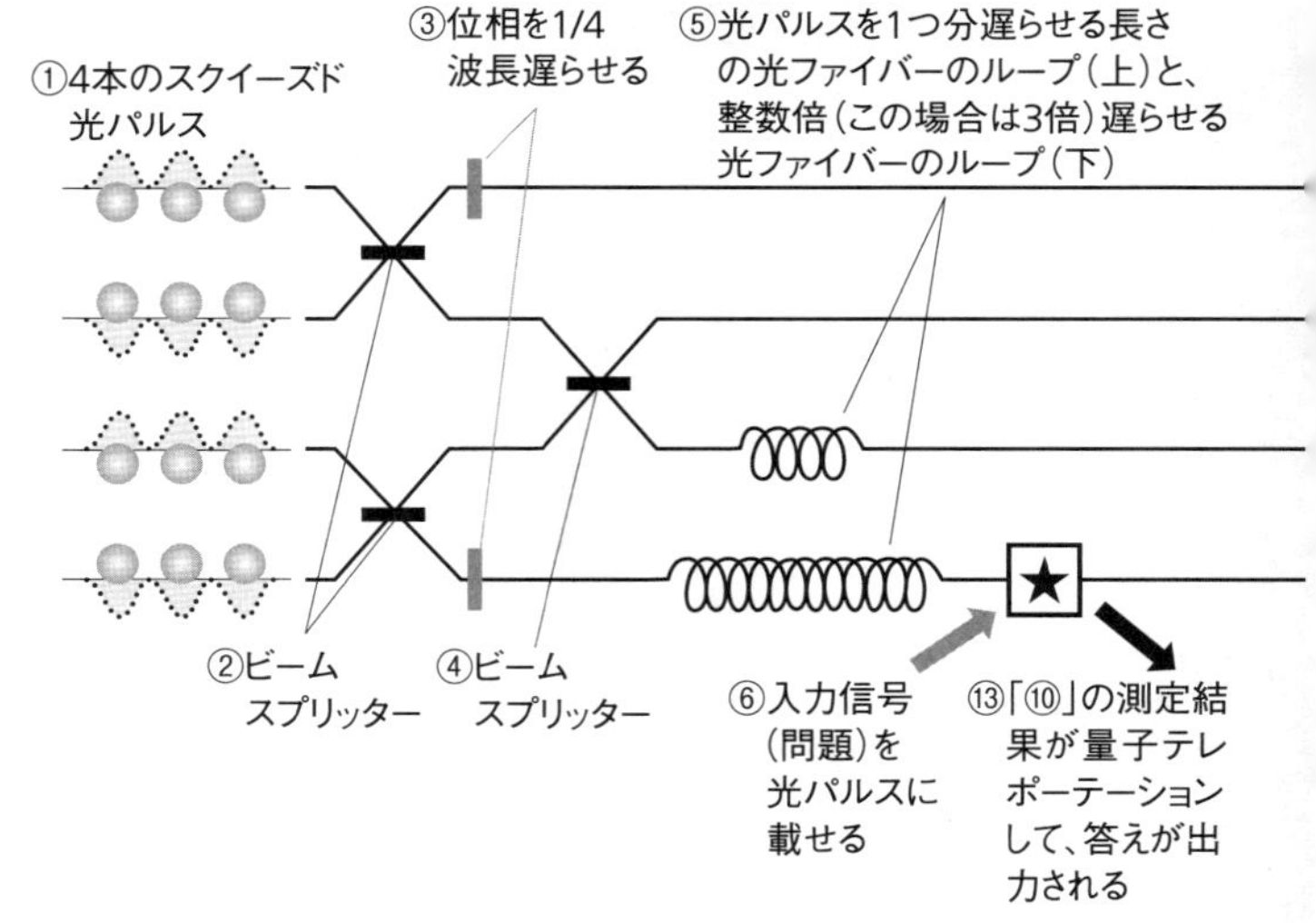

4本のスクイーズド光のパルスを2本ずつに分け①、それぞれビームスプリッターを通過させることで量子もつれの状態にする②。

量子もつれを生じた2本ずつのパルスが2列できるが、それぞれの片方についてのみ位相を1/4波長分遅らせる③。

2本2列の光パルスを量子もつれ状態にする④。4本のパルスが正方形状の量子もつれ状態になる。

正方形状にもつれた4つの光パルスは、さらに光路の長さが違う光ファイバーのループで位相をずらされ⑤、そのうちの1本に「★」印の回路で入力信号を載せる⑥。

Aの中にある薄墨の長方形は、⑦の点線上に同時に到達した光パルスをくくったもので、番号は点線に到達する順番を表す。隣り合う正方形の量子もつれを結ぶ矢印は、新たな量子もつれを表し、大規模な量子もつれが成立したことを意味する。

Aのようにもつれた光パルス4本をさらに2本ずつ、それぞれビームスプリッターを通過させると⑧、光パルスはさらに複雑にもつれ、Bのような状態にいたる⑨。

a、b、c、xは、⑩のホモダイン測定を行っている位置で、各光パルス(量子)がどのホモダイン測定で測定されるかを表す。

ホモダイン測定の位相を変えることで、異なる演算を行う。ホモダイン測定e、fは、行いたい演算の種類によって使い分ける。
⑩〜⑫のホモダイン測定の結果から量子テレポーテーションが行われ、「★」から答えが出力される⑬。

光導波路チップ
ジェレミー・オブライエン教授とNTTとの共同研究の成果。
写真提供:Furusawa Laboratory

時間領域多重一方向量子計算の重要なポイントは、多数の量子ビットが大規模な量子もつれ状態になっていることで、それはすべての量子計算のパターンの重ね合わせ状態になっているということだ。つまり、クラスター状態の規模を大きくしていけばいくほど、それに応じて圧倒的に大規模な量子計算ができるようになるのである。

2015年、量子テレポーテーションの心臓部の光チップ化

これまで、私の研究室で開発してきた量子テレポーテーション装置は、大きな光学定盤上に、多数のビームスプリッターやミラーマ

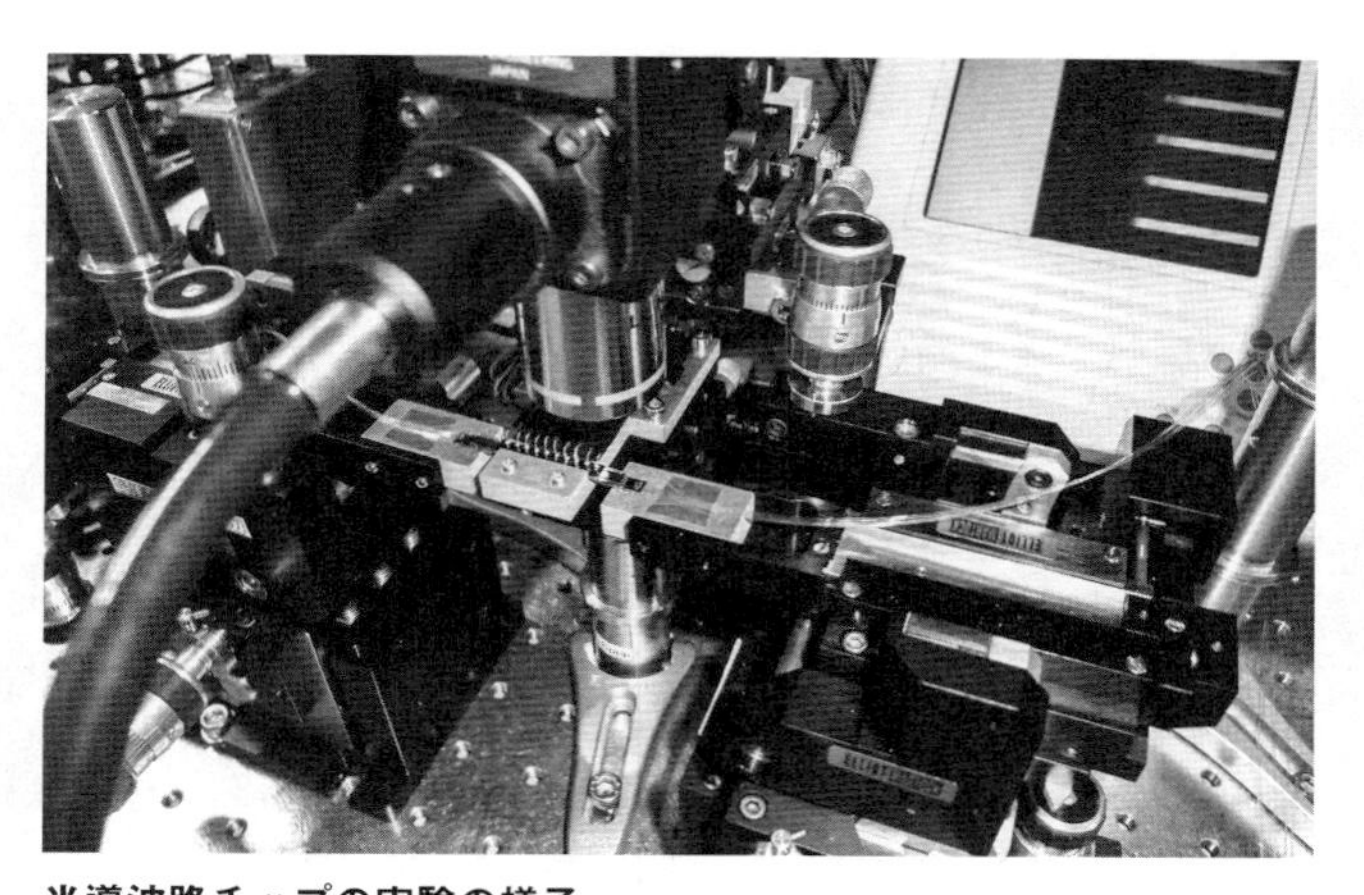

光導波路チップの実験の様子
写真中央やや左の台にチップが固定されている。
写真提供：Furusawa Laboratory

ウントといった光学部品を配置することで実現してきた。しかし、将来的にはチップ化が必須であると考えていた。

そこで、量子テレポーテーション装置の心臓部である量子もつれ生成・検出装置の光チップ化に取り組み、英ブリストル大学のジェレミー・オブライエン教授とNTTとの共同研究により、2015年に成功した。約1平方メートルの光学定盤上に配置していた量子もつれ生成・検出部分を、26ミリメートル×4ミリメートル（0・0001平方メートル）のシリコン基板上のガラスに微細加工し、ガラスの光回路「石英系光導波路回路」に置き換えることにより、大きさを約1万分の1にまで縮小できたほか、実際に量子もつれ光が生成されることも確認した。

なお、石英系光導波路回路は、広く実用化されている光通信用デバイス技術を応用したもので、小型化できるだけでなく、光損失、組立精度・安定性の面でも光量子コンピューターの実用化に大きく貢献する。

この石英系光導波路回路の開発により、量子テレポーテーション装置の拡張性の問題解決に向けて大きく前進した。究極的な大容量通信や超高速光量子コンピューターの実用化への突破口を開く画期的成果ととらえている。最終目標は、量子テレポーテーション装置全体を光チップ化することだ。

とはいえ、装置全体を光チップ化するとなると、今とはまったく異なる構造、動作原理になるだろう。現在の実験装置は、ビームスプリッターやミラーマウントを使って光を制御しているが、光チップ化した回路を用意できれば、それらは不要となる。さらに、導波路に電圧をかけて屈折率を変化させる「導波路変調器」で屈折率を動的に制御し、光路の長さを調整するようなアクティブ制御を開発するなど、色々なアイデアを考えている。

光子メモリーの開発

いったん、光子1個単位のレベルに話を戻そう。

量子計算を行うための量子論理ゲートでは、もつれた光子を使って処理を行うことになる。従来は2つの光子発生源を用意し、それらをビームスプリッターで干渉させて量子もつれ状態にしていた。ところが、2つの光子発生源で光子が生成され、それらの光子が飛んでくるタイミングはランダムなのだ。そのため、両方の光子発生源で偶然同時に生成し、同時に飛んでくる光子だけを選択してビームスプリッターに入射させ、もつれさせていた。さすがに、この方法では効率が悪い。

そこで、私たちは2つの光子を同時にビームスプリッターに入射させる、つまり同期させることに挑み、成功した。計算機にバッファメモリー（データの読み出しや書き込みなどの作業やエラーの発生のせいで、データ処理が間に合わなくなることを防ぐために一時的にデータを保存しておく装置）が必要なように、量子コンピューターにも同期のための量子メモリーが必要となるのだ。

この光子メモリーは、2つの連結した光共振器で構成されており、光子の生成機能とメモリー機能の2つを併せもつ。2つのうちの1つの光共振器中には、非線形光学結晶が入っており、光パラメトリック発振器になっている。もう1つの光共振器中には、光位相変調器が入っている。この光位相変調器の電圧を制御することで、この光共振器は光シャッターとして機能する。

この光パラメトリック発振器では、偶数個の光子からなるスクイーズド光ではなく単一光子を生成しており、通常、光シャッターは閉じられているため、生成された光子は光パラメトリック発振器から外へ出ることができないが、光位相変調器の電圧を制御し、光シャッターを開くことで、取り出すことができるしくみだ。この光子メモリーにより、欲しいタイミングで光子を取り出すことができるのである。

私の研究室では、この光子メモリーを2つ用意し、2個の光子が飛んでくるタイミングを自在に制御しながら、2個の光子を同期してビームスプリッターに入射させた。これにより、量子もつれの生成を制御することに成功した。生成タイミングの差が1・8マイクロ秒までであれば、同期することが可能で、従来に比べて同期効率は25倍に向上した。

この光子メモリーは単一光子だけでなく、シュレーディンガーの猫状態などを含むあらゆる量子状態にも使える。今後は、光量子情報処理の基本技術として確立させていきたいと考えている。さらに、光子メモリーの技術開発も進めていく。現在のところは、量子ビット1個相当しか実現できていないが、従来のコンピューターのメモリー並みに量子ビット数を上げていく計画だ。

革新的発明「ループ型光量子コンピューター」

時間領域多重一方向量子計算方式以外にも、別の時間領域多重の方式も検討している。それは2017年9月、私の研究室の武田俊太郎助教が発明した「**ループ型光量子コンピューター**」で、より効率を高められる可能性がある。結果、現在研究開発を進めている時間領域多重量子計算方式は2種類となり、互いに補完的な関係になっている。

その方式とは、計算の基本単位となる量子テレポーテーション回路1個だけを使って大規模な量子計算を効率よく実行できるというものだ。量子テレポーテーション回路の外側は量子メモリーに相当するループ構造となっており、1つの回路を無制限に繰り返し用いることで、大規模な量子計算を実行できるのが特徴だ。

具体的には、ループ内で光パルスを周回させておき、1個の量子テレポーテーション回路の機能を切り替えながら繰り返し用いることで計算処理を行う。つまり、1個の回路をあるときは足し算、あるときは掛け算のように機能を切り替えて何度も用いるということだ。

情報の書き換えも簡単だ。まず、補助状態の光パルスを入力するが、ここには「この入力をどう動作させるか」という情報が含まれている。光パルスをループさせる前に、あらかじめプログラム通りに量子テレポーテーション回路を準備しておき、順番に光パルスを入れていく。すると、量子テレポーテーション回路がプログラムに基づき、ANDやORなどの役割ごとに順々に切り替わっていく。

量子テレポーテーション回路自体は同じであるが、1ステップごとに、つまり量子ゲートを通過するたびに異なった処理を行うことで、量子計算処理ができるようにしたのである。これを「ループ法」と呼んでいる。この方法の発明により、より効率よく量子計算ができる。

もう少し具体的にしくみを説明しよう。

ループ型光量子コンピューター

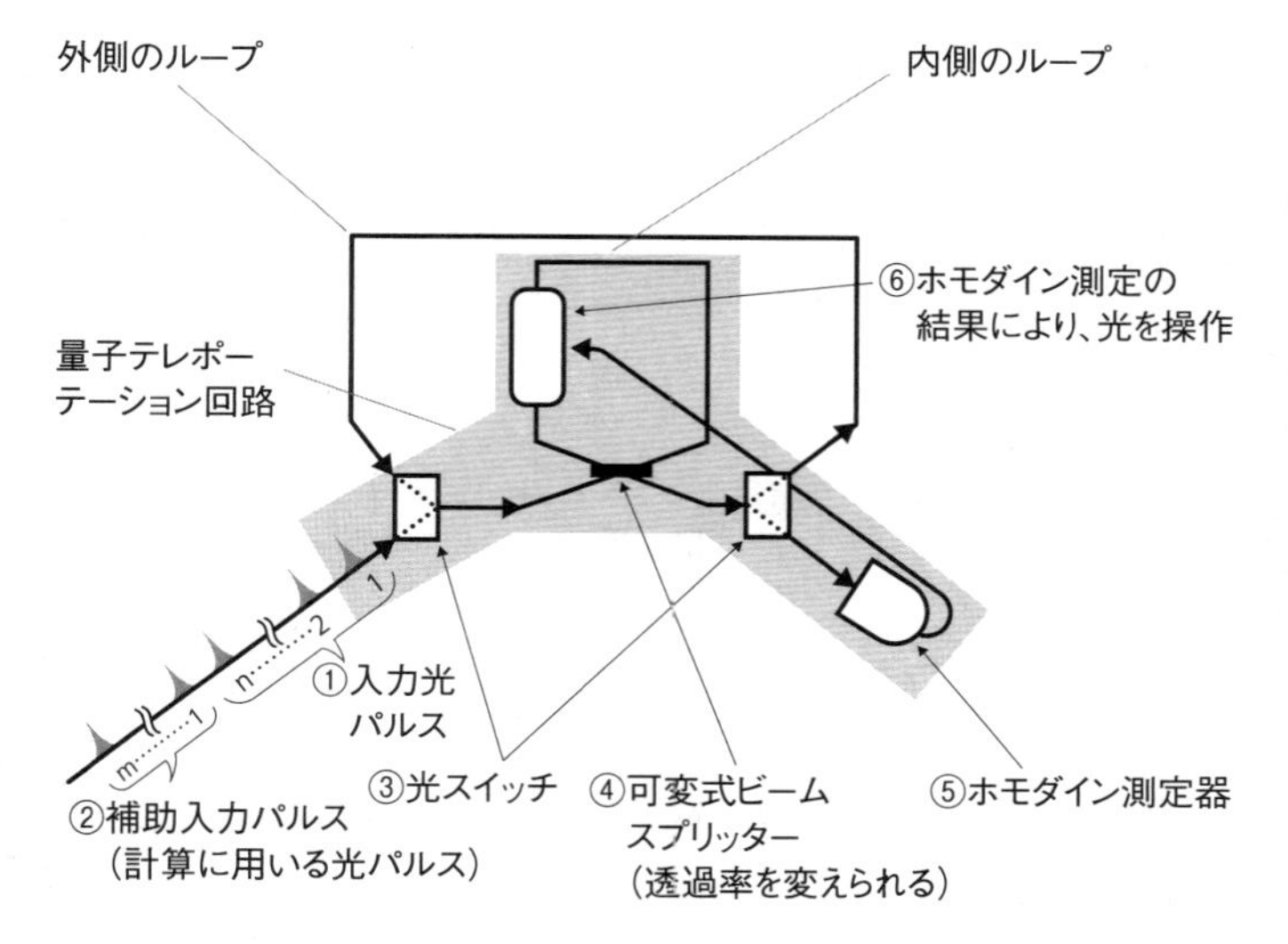

入力光パルス①と、計算の機能をもたせた「補助入力」と呼ばれる光パルス②を等間隔に入れていき、光スイッチ③で光の進む向きを変えて、「外側のループ」を周回させる。

たとえば、入力光パルスの1を可変式ビームスプリッター④の透過率を変えて内側のループに入れることで回り道をさせたうえ、「外側のループ」を周回している補助入力の1と可変式ビームスプリッターで出会わせて、量子もつれの状態にする。

量子もつれ状態にある入力光パルスの1と補助入力の1は、一方は内側のループに向かい、一方はホモダイン測定器⑤で測定され、その結果をもとに、内側のループ内の光を操作することで計算を行う⑥。

計算結果はさらに次の補助入力2、……mと、同じ手順で次々と量子もつれを起こさせていくことで、膨大な計算を行っていく。

資料提供:Furusawa Laboratory

まず、入力光パルスと補助入力パルスを等間隔に外側のループで周回させておく。次に、外側のループと内側のループの「関門」となる可変式のビームスプリッターの透過率を切り換えることで、入力パルスを内側のループである量子テレポーテーション回路に入れて処理を施し、量子メモリーである外側のループに戻すことを繰り返すことにより大規模量子計算を行う。

開発におけるポイントは、透過率を好きなように変えられるビームスプリッターを使って、いかに高速に透過率を変化させるかだ。使いたいときや使いたい箇所にだけ量子もつれを生成し、使っていない量子ビットは量子もつれを生成させないというのが、この方法の最大のメリットだ。そのためには、時々刻々と透過率が変化するビームスプリッターが不可欠なのだ。

ちなみに、先述したもう一方の時間領域多重一方向量子計算には、透過率が不変のビームスプリッターが使われている。この方式は量子もつれの構造が複雑で、すべての量子ビットを広くもつれさせているため、全体的に量子もつれが弱いというデメリットがある。

しかし、ビームスプリッターの透過率が変わらないため、安定して動作させられるというメリットもある。

大規模な光量子コンピューターを実現するには、できるだけシンプルな構造にした方がよいので、最終的には、この2つの方式のメリットを合わせた計算処理方法になるのではないかと考えている。

また、同じ種類の計算処理を繰り返す場合は、ビームスプリッターの透過率を変える必要がないので、最初に開発した方式の方が向いているだろうし、さまざまな計算処理を行う場合は、武田助教が編み出した方式の方が向いているだろう。したがって、解く問題の種類によって使い分けていくといったことも考えられる。

ループ型光量子コンピューターの強みをまとめると、主に次の3点になる。①1本の光路上で1列に連なった光パルスを用いる方法を生かしながら、ループ内で光パルスを周回させ続けることで、1個の量子テレポーテーション回路を無制限に使用でき、どれほど大規模な計算でも実行できること。②構成要素は1ブロックの量子テレポーテーション回路とループ構造だけで、最小限の光学部品しか必要としないこと。③量子テレポーテーション回路の機能の切り替えパターンを適切に設計すれば、すべての光パルスを使って無駄なく効率のよい手順で、あらゆる計算が実行できることだ。

したがって、光量子コンピューターの大規模化と、それに必要なリソースやコストを大幅に減少させることができる。

このループ型光量子コンピューターは、将来的には、さまざまな量子アルゴリズムやシミュレーションを実行するための標準的プラットフォームになると考えている。実用レベルまで大規模化しうる光量子コンピューターのデザインを追求した先に見いだした究極の光量子コンピューター方式と言えるだろう。

これら2つの時間領域多重量子計算方式による量子コンピューターは、近日中の原理検証を目指して研究開発中だ。


もう視野に入っている光量子コンピューターの完成

今後、まずは大型の光量子コンピューターの実現を目指すが、光量子コンピューター開発の最終ゴールは光チップ化だ。それにより、モバイル機器に搭載できるようになるかもしれない。これは20年先の実現を目指している。

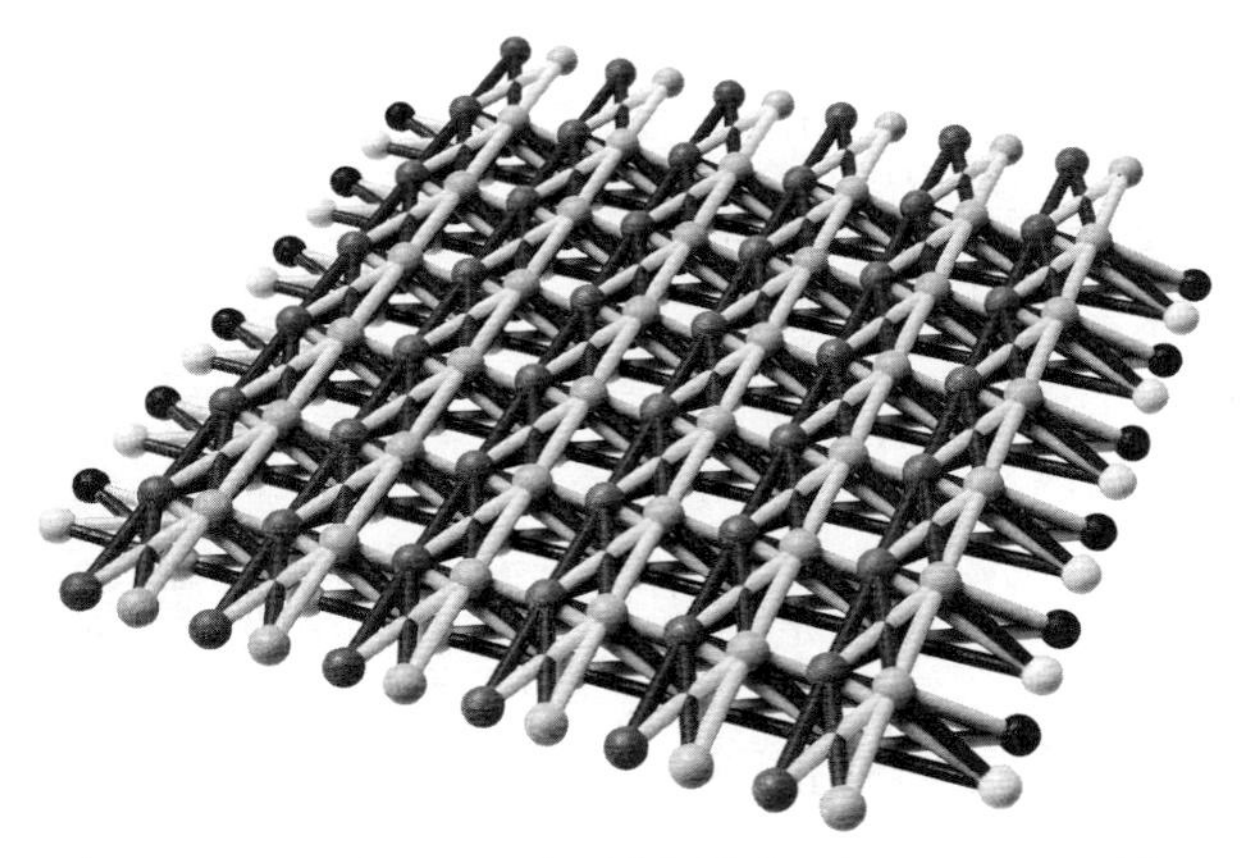

3Dプリンターで作成した、2次元大規模量子もつれのイメージ
これが、まさに量子コンピューターである。　写真提供：Furusawa Laboratory

　また、量子計算処理を実現できた段階で、それをネットワーク化していくことにより、光量子通信に発展させていきたいと考えている。将来、光量子コンピューターが実現し、さらに、光量子通信に拡張していくことで、スーパー・スーパー・コンピューターネットワークが実現するものと期待している。それが私の究極の目標だ。

異例の研究方針

　最後に、私が約20年間にわたり、研究成果を出し続けてこられた秘訣を紹介しよう。

　これまでの研究生活を振り返って思うことは、光量子コンピューターの研究とは、難易度が高く、かつ高い厳密性を求められる技術開発の積み重ねだということだ。やりたい実験や、やるべき実験を果たすために行ってきたことは、約90％が実験装置に関する技術開発であり、残りの約10％が実験結果の確認や検証だ。

私の研究室では、長年にわたり、常に5つ程度の研究開発を同時並行的に進めてきた。在籍している約20名のスタッフ・学生それぞれに異なるテーマをもたせ、修士課程から博士課程を修了するまでの5年間で、各人が成果を出し、博士論文が書けるように指導している。

実験室には、5台の光学定盤（テーブル）を設置しており、それぞれ異なるテーマに取り組んでいる。各光学定盤を田んぼにたとえると、苗を植える時期を1年ずつずらし、毎年どこかの田んぼで収穫しているといったイメージだ。田植えから収穫までは約5年だが、通常の田んぼとは異なり、育てているものがそれぞれ異なる。そのため、常に5年先を見越して、そのために必要な技術開発を進めている。それが成果を出し続けられる理由だ。

また、あるテーブルで得た成果は他のテーブルにも還元されるため、全体的な底上げが図られることになる。逆に、1つのテーブルで開発が遅れると、他のテーブルに影響を及ぼす場合もある。

学生は皆、非常に優秀で、ゲームをやるように毎日楽しみながら、まさに寝食を忘れて研究開発に没頭してくれている。私自身、このような最高の環境を提供できていることをうれしく思っている。

言い換えれば、私の役割は、学生にどれだけ楽しめるおもちゃを与えられるかであると考えている。そして、それができたら、あとはもう学生の邪魔をしないというのが、私のポリシーだ。夢中で遊んでいる学生の邪魔をすることほど野暮なことはない。そのため、学生が実験中に覗きに行ってあれこれ指示を出したり、定期的にミーティングを開いたりといったことは一切行っていない。このような研究室は日本では珍しいだろう。

こうした考え方に至ったきっかけは、カルテックへの留学経験だ。日本では、歯を食いしばり、眉間にしわを寄せながら、真剣なまなざしで仕事や研究を行っている人の方が高く評価される。しかし、アメリカでは皆、楽しいことしかやらない。この姿勢を徹底している。しかも、大きな成果を出している人は皆、ものすごく遊んでおり、人生を楽しんでいる。苦しみながら研究をしている人が大きな成果を出したり、ましてや、イノベーションを起こしたりするということは決してない。そのことをアメリカで学んだのだ。

私は、学生時代からウィンドサーフィンを趣味としているが、アメリカに留学して以降は、カリフォルニアのビーチでウィンドサーフィンを楽しむような感覚で、毎日研究を行っているし、学生にもそうあってほしいと願っている。そもそも研究とは、面白いからやるというのが大前提であって、楽しいと思うこと以外、やるべきではない。どんなことでも楽しむことができることこそが、プロフェッショナルの条件だ。したがって、面白いと思うことは徹底的にやればよいし、面白くないと思い始めたら、すぐにやめた方がよいだろう。

私自身、この考えを貫き通してきたことで今があるし、これからもそうしていくだろう。私にとって、研究もウィンドサーフィンも同じ位置づけにあるものなのだ。

加えて、私は天邪鬼（あまのじゃく）な性格で、常に人が行かない道を選んできたように思う。流行は必ずいつか廃れるし、人が多く集まる場所では、必ず過当競争に巻き込まれる。息の長い仕事をしたければ、流行は追わず、わが道を歩むことが肝要だ。

しかし、それにより、人によっては、孤独や不安を感じる場合もあるだろう。だからこ

ウィンドサーフィンを楽しむ著者 写真提供：Furusawa Laboratory

そ、自分が心の底から楽しいと思うことをやることが重要なのだ。夢中になって楽しんでいれば、孤独や不安にさいなまれることはない。そして、ふと気付けば、大きな成果を出せているはずだ。

また、私の場合、偶然だが研究もウィンドサーフィンも、〝波〟を相手にしているが、たとえば、実験中に波動関数などの計算式を思い浮かべるようではダメだ。ウィンドサーフィン同様に、光の波と一体化することで、初めて光を操ることができる。「この光はこちらの方向に行きたいのだな」と、光の気持ちを感じ取るのである。逆に、光と一体化し、光の気持ちがわからない限り、実験に成功することはむずかしい。そういう意味では、私にとって科学は、最高のスポーツであるという言い方もできるだろう。

さてもう1つ、研究プロジェクトのリーダーは費用対効果の高い予算の使い道を常に考えなければならない。その点で、私のポリシーははっきりしている。学生に投資するということだ。私の場合、大概突拍子もないことを思いつくのだが、それを学生に実現させるため、留学させている。学生に「このお金で、3カ月間、留学してきなさい」と武者修行に出せば、必ずフェーズチェンジして帰ってきてくれるからだ。それにより、以前の何十倍、何百倍もの成果を上げてくれるため、非常に投資効率が高い。

結局、最も価値のある資産は人材である。大学教授は所詮、零細企業の経営者のようなものだ。資金繰りも行えば、雑巾がけもする。会社を運営していくうえで重要な能力は、「何に投資をすれば、最も投資効率が高いか」を見極めることだ。その点で、「学生に投資すれば間違いない」ことを日々実感している。

量子コンピューターがもたらす未来社会

量子コンピューターが実現したら、どのような社会が訪れると思うかという質問をよく受けるが、それには答えることはできない。なぜなら、これはインターネットが実用化される前に、「インターネットが普及したら、どのような社会が訪れるか」と質問するのと同じだからだ。

実際、インターネットは、元々はアメリカ国防高等研究計画局（ＤＡＲＰＡ）が軍事目的で開発したもので、インターネットの前身となるＡＲＰＡＮＥＴ（Advanced Research Projects Agency NETwork）は、カリフォルニア大学ロサンゼルス校、カリフォルニア大学サンタバーバラ校、ユタ大学、スタンフォード大学の４校で通信をしたのが最初だった。彼らは、当時、現在のような社会が訪れるであろうことは夢にも思っていなかっただろう。ＧＰＳも同様だ。

例えば、トランジスタを発明したベル研究所の人たちが、トラジスタを使って最初に作ったのは、補聴器だったという。当時、真空管でできていた大きな増幅器を半導体に置き換えることで、大幅な小型・軽量化が可能となった。それを生かそうとして、補聴器に応用したわけだ。しかし、市場は小さく、ほとんど売れなかったという。

ただし、パッケージ化して社会に流通させたことには、非常に大きな意義があった。それにより、トランジスタを見た人が、「これはラジオに使えるのではないか」と考え、トランジスタラジオの誕生につながり、さらにはコンピューターの高性能化にもつながっているからだ。

発見や発明が社会にどのように受け入れられ、利用されていくかは、その時代の人々にしかわからないことだ。イノベーションは、1人の人間が、研究室に閉じこもってうなっていても決して起こせるものではない。世界中の多種多様な人々との間の化学反応を通して、偶然生まれるものではないだろうか。

量子コンピューターも同様で、発明した人や開発した人の役割は、それをパッケージ化して、広く一般の人が使えるようにするということだ。その先、それがどのように利用・活用されるかは、それを手にした世界中の人々の英知やひらめき、アイデアに委ねればよいと思っている。私の目標は一日も早く光量子コンピューターを実現し、パッケージ化して、世の中に送り出すことである。

おわりに

量子コンピューターの研究開発が科学技術の分野にもたらしていることは、量子状態を人工的に作り、さらにそれを操作するための技術の発展だ。

量子力学は考えれば考えるほど奇妙である。しかし、これまでの実験結果により、今のところ、その理論は矛盾なく裏付けられてきた。今後、量子コンピューターの研究開発を通して、量子状態をさらに容易に制御できるようになれば、量子の世界をより深く理解できるようになるだろう。

また、量子力学と情報科学という2つの学問分野が合わさり、量子情報科学という新たな学問分野が誕生した。量子情報科学は、量子宇宙論なども含んでおり、現在、ブラックホールの成り立ちを説明しようというところまで進んでいる。今やブラックホールは、量子情報科学抜きには語れない状況にある。

量子力学や量子情報科学、量子宇宙論といった学問分野において、量子コンピューターは、ごく狭い領域におけるプロダクトの1つに過ぎないという見方をすることもできる。ただ、万が一、量子コンピューターが実現できなかったとしても、新たな学問分野が発展し、それにより未知の分野が切り開かれていけば、それはそれで大きな意義のあることだ。実際、サイエンスはずっとそのようにして発展してきた。

私自身も量子コンピューターを開発する過程で、多者間の量子もつれに関する理論など、数多くの新しい量子力学の理論を構築してきた。多者間の量子もつれに関する理論は、量子情報科学や量子宇宙論でも注目されている。私たちが実験を行ううえで必要に迫られて構築した理論だったが、それが、他の分野に影響を与えているというのは大変興味深い。

2008年に「自発的対称性の破れ」の研究成果でノーベル物理学賞を受賞された南部陽一郎博士も、超伝導の理論を素粒子の理論に応用されたように、ある特定の分野での研究成果が、別の分野の問題解決に使われた例は過去にもたくさんある。

私も量子コンピューターの研究開発を通して、科学の発展に寄与していければ幸いだ。

平成31年1月11日

古澤 明

編集協力　山田久美
　　　　　武田俊太郎
図版制作　タナカデザイン

古澤 明（ふるさわ あきら）

物理学者。一九六一年、埼玉県生まれ。一九八四年、東京大学工学部物理工学科卒業。一九八六年、同大学大学院工学系研究科物理工学専攻修士課程修了、株式会社ニコン入社。東京大学先端科学技術研究センター研究員、カリフォルニア工科大学客員研究員、東京大学大学院工学系研究科助教授を経て、二〇〇七年から東京大学大学院工学系研究科教授。著書に『量子テレポーテーション』『量子もつれとは何か』（共に講談社ブルーバックス）などがある。

光（ひかり）の量子（りょうし）コンピューター

インターナショナル新書〇三五

二〇一九年二月一二日　第一刷発行
二〇二二年一月二六日　第二刷発行

著　者　古澤（ふるさわ） 明（あきら）
発行者　岩瀬 朗
発行所　株式会社 集英社インターナショナル
〒一〇一-〇〇六四 東京都千代田区神田猿楽町一-五-一八
電話 〇三-五二一一-二六三〇
発売所　株式会社 集英社
〒一〇一-八〇五〇 東京都千代田区一ツ橋二-五-一〇
電話 〇三-三二三〇-六〇八〇（読者係）
〇三-三二三〇-六三九三（販売部）書店専用
装　幀　アルビレオ
印刷所　大日本印刷株式会社
製本所　加藤製本株式会社

 Printed in Japan　ISBN978-4-7976-8035-5　C0242
定価はカバーに表示してあります。

インターナショナル新書

017
天文の世界史
廣瀬 匠
西欧だけでなく、インド、中国、マヤなどの天文学にも迫った画期的な天文学通史。神話から最新の宇宙物理までを、時間・空間ともに壮大なスケールで描き出す！

031
その診断を疑え！
池谷敏郎
総合内科専門医・池谷敏郎が病院&医師選びのポイントを徹底指南！ 頭痛や腰痛、がんから白血病まで、あなたの身体の不安を解決します。

032
縄文探検隊の記録
夢枕 獏
岡村道雄
かくまつとむ 構成
遺跡・遺物から推論する文化的で豊かな暮らし、空海の密教と縄文の神々の関係、古代日本に渡来した人々の正体など、縄文研究の最先端を紹介する。

033
データが語る日本財政の未来
明石順平
公的データによる150以上のグラフや表で、破綻寸前の日本財政を検証。財政楽観論を完全否定し、通貨崩壊へと突き進む未来に警鐘を鳴らす。

034
へんちくりん江戸挿絵本
小林ふみ子
現代の漫画に通じるトンデモな発想が江戸にあった。遊里に遊ぶ神仏、おかしな春画…京伝、北斎、南畝ら異才による「へんな和本の挿絵」の見所を解説。